丙級美容師
術科證照考試指南

周　玫◎編著

〔第三版〕

作者的話

　　自中華民國八○年度起，勞委會職業訓練局開辦全省美容丙級技術士證照檢定至今已十幾個年頭，其主旨：即是要求所有從事美容相關行業者的美容從業人員（美容師），在接觸顧客皮膚前都必須擁有最基本的「丙級證照」。

　　美容從業人員擁有丙級證照的好處：

☆保護自身的立場，避免與顧客產生不必要之糾紛。
☆從事美容行業的基本條件。
☆樹立個人的專業形象。
☆開業的必備條件。

　　《丙級美容師術科證照考試指南》是一本專為想要參與美容丙級術科考試，與將要參與美容丙級術科檢定考試者，或您曾經參與美容丙級術科檢定考試卻遭失敗所設計的書籍，內容所描述的方法與重點，祇要您是具有美容基礎者，並能詳讀《丙級美容師術科證照考試指南》的訣竅與細節；相信此書對於參加美容丙級術科檢定考試者的幫助是絕不容忽視的。

　　此書內容包括：

☆護膚流程及所有操作過程
☆外出粧及操作過程
☆職業婦女粧及操作過程
☆日間宴會粧及操作過程

☆晚間宴會粧及操作過程
☆物理消毒及操作過程
☆化學消毒及操作過程
☆化粧品辨識及程序
☆洗手及手部消毒操作過程

祝順利過關

周玫　謹識

目　錄

專業護膚

　　丙級護膚檢定時間為55分鐘，檢試流程共分四個階段進行，但評審評分則分六個階段進行，例：

☆ 第一階段：工作前準備 —— 10分鐘。
☆ 第二階段：臉部保養手技 —— 20分鐘。
☆ 第三階段：蒸臉 —— 10分鐘。
☆ 第四階段：敷面及善後工作 —— 15分鐘。
☆ 第五階段：工作態度 —— 係指護膚操作的過程。
☆ 第六階段：衛生行為 —— 係指護膚操作的過程。

以下為各階段的詳盡介紹。

測驗項目：護膚技能

自備工具表

項次	工具名稱	規格尺寸	數量	備註
1	工作服		1件	
2	口罩		1個	
3	美容衣		1件	
4	酒精棉球罐	附蓋	1罐	附鑷子，內含10個酒精棉球
5	化粧棉		適量	
6	化粧紙		適量	
7	挖杓		數支	
8	待消毒物品袋	小型約30×20cm以上 大型約60×50cm以上	各2個	
9	垃圾袋	約30×20cm以上	2個	
10	紙拖鞋		1雙	供模特兒使用
11	大毛巾	約90×200cm	2條	淺素色；可用罩單或毛巾毯
12	小毛巾	約30×80cm	5條	淺素色，至少1條為白色
13	原子筆		1支	
14	眼部卸粧液	屬合格保養製品		
15	清潔霜	屬合格保養製品		
16	按摩霜	屬合格保養製品		
17	敷面霜	屬合格保養製品		不可使用透明的敷面劑
18	化粧水	屬合格保養製品		
19	乳液或面霜	屬合格保養製品		

測驗時間：共55分鐘（分為四個階段進行）

應檢前要完成下列準備工作：

1. 應檢人的儀容必須整潔並穿妥工作服、戴上口罩。
2. 模特兒換妥美容服。
3. 將一條濕的白毛巾放入蒸氣消毒箱內。

護膚注意事項

1. 應檢人員在應檢前應先仔細閱讀「應檢人員自備工具表」，並事先將應檢時必須使用的相關工具及化粧品備妥。
2. 模特兒需於護膚技能檢定開始前自行取下珠寶、飾物等，並換妥美容衣。
3. 白毛巾須於應檢前放進蒸器消毒箱中加熱備用。
4. 包頭巾不可覆蓋額頭以免妨礙臉部之清潔或按摩動作之進行，如果包頭巾是紙製品則應在使用過後立即丟棄以維衛生。
5. 模特兒所穿的美容衣以不干擾應檢人員在進行頸部清潔或按摩的進行為原則，應以舒適、方便且不纏住顧客身體為要。
6. 應檢時應檢人員必須穿著符合規定的工作服及保持端莊的儀容。
7. 應檢人員操作護膚技能時除了身體與模特兒之頭部須保持約10公分的距離外，其坐姿亦必須保持背脊伸直。
8. 應檢人員進行護膚工作前必須先取下手指上的戒指，並將指甲剪短及清潔雙手。
9. 應檢人員在應檢前必須先將所有的工具清潔乾淨，並排放整齊。

10. 應檢人員在進行護膚過程時，為維護本身與模特兒之衛生，應戴上口罩。

11. 進行臉部按摩時若有指壓的動作，其力道應適切有效但不可過度，尤其在眼袋及眼眶周圍施行保養時應特別小心留意。

12. 應檢時所自備的化粧品皆必須是屬於合法的產品。

13. 操作護膚的過程中應正確取用或使用化粧品。

14. 進行蒸臉測驗時應注意電源及正確操作的程序。

15. 擦拭化粧水時勿使其誤入模特兒的眼睛，尤其含酒精成份的化粧水不宜使用在眼眶周圍。

16. 應檢過程中若有物品不慎掉落在地上時，應檢人員應用手隔著乾淨的紙拾起，並放入待消毒物品袋內。

17. 檢定過程中無法重複使用之面紙、化粧棉或紙巾等，在使用後應立即丟棄至「垃圾袋」以維衛生，可重複使用之器具在使用後應隨即置入「待消毒物品袋」中，待有空時再一併予以適當之清潔與消毒處理。

18. 護膚操作過程中，面紙及化粧棉須經適當地摺理後才可使用。

19. 應檢完畢後所有的物品應歸回原位妥善收好，並恢復檢地場所之整潔。

第一階段：工作前準備 —— 10分鐘

1 將美容椅擺至正常使用位置，並將罩單或浴巾鋪完整，使模特兒皮膚不直接接觸美容椅，並為模特兒（需穿上美容衣）蓋另一條大毛巾、鋪肩頸巾及包紮頭巾。

2 模特兒的雙腳可用1或2條小毛巾完全包裹足部（一腳一條，尤其要注意腳趾與腳跟絕不可露出）。

3 模特兒所穿的紙拖鞋要放置在美容床底下。

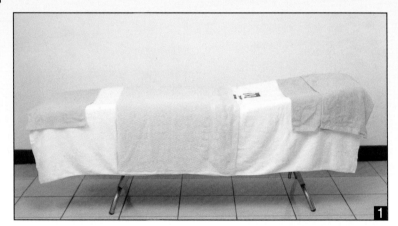

◆毛巾的擺設完成

PS：大毛巾素色準備2條（一條鋪床需蓋過美容床，一條保護模特兒），小毛巾準備5或6條（一條白色敷面時擦拭用、一條肩頸部、一條包頭、一條胸前保護、二條用於腳部幫助取暖）。

④ 將護膚所需使用的產品完全擺設至推車上，並將敷面時所需用的白色毛巾放置在指定位置（蒸氣消毒箱內）。

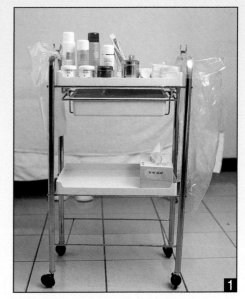

◆化粧品及美容工具置於美容推車上。
（產品由羅綺美容醫學機構提供）

⑤ 將垃圾袋及待消毒物品袋夾置於推車兩側，現場美容推車上備有2個的大夾子。

◆毛巾置入蒸氣消毒箱內

6 考生先戴上紙口罩，然後用酒精棉球消毒雙手。

7 卸除模特兒眼、唇部之化粧品。

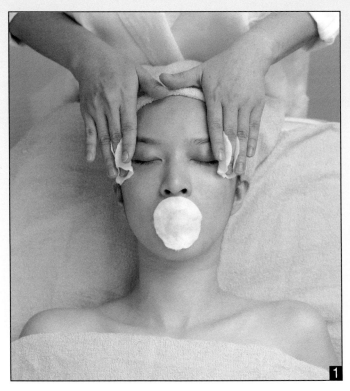

◆重點卸粧

卸除模特兒臉部、頸部之化粧品。

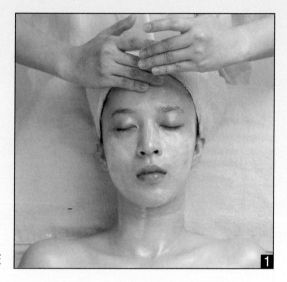

◆臉、頸部卸粧

 用化粧紙擦拭清潔霜。

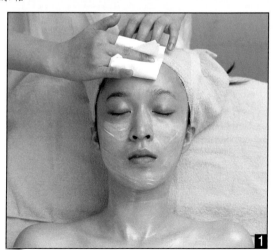

◆清除清潔霜

美容丙級技術士技能檢定術科測試美容技能顧客皮膚資料卡

顧客皮膚資料卡（發給應檢人）

檢定編號：＿＿＿＿＿＿＿　　監評長簽章：＿＿＿＿＿＿＿

顧客姓名		建卡日期	年　月　日
出生日期			
地　　址			
電　　話			
皮膚類型			
皮膚狀況			
本次護膚記錄			

註：1.本資料卡中皮膚類型、皮膚狀況，請視當場模特兒皮膚據實正確填寫。

　　2.本次護膚記錄，即為「專業護膚」。

監評人員簽名：　　　　　　　　　　分數：

辦理單位戳章：

正確且詳細填寫顧客皮膚資料卡，填妥後放置顧客胸前。

美容丙級技術士技能檢定術科測試美容技能顧客皮膚資料卡

顧客皮膚資料卡（發給應檢人）

檢定編號： 28   **監評長簽章：** _____

顧客姓名	許婉玲	建卡日期	96年4月15日
出生日期	79.10.15		
地　　址	台北市內湖區新明路300～7號		
電　　話	02-2345-3556		
皮膚類型	中性皮膚		
皮膚狀況	良好		
本次護膚記錄	專業護膚		

註：1.本資料卡中皮膚類型、皮膚狀況，請視當場模特兒皮膚據實正確填寫。

　　2.本次護膚記錄，即為「專業護膚」。

監評人員簽名：　　　　　　　　　　分數：

辦理單位戳章：

第二階段：臉部保養手技 — 20分鐘（以口令為主）

※每個部位按摩，須呈現三種不同的動作。

 將按摩霜均勻塗抹於臉、頸部。

◆均勻塗抹按摩霜

額頭按摩

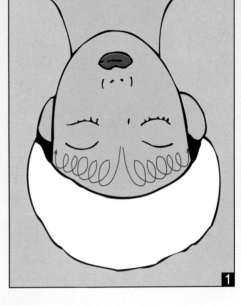

額頭按摩（一）：
用雙手中指與無名指的指腹
以向上、向外分別繞至太陽
穴處再輕按。

額頭按摩（二）：
左手食指與中指輕放額部，
右手中指及無名指的指腹由
兩眉間起，輕繞小圓圈至美
人尖處止。

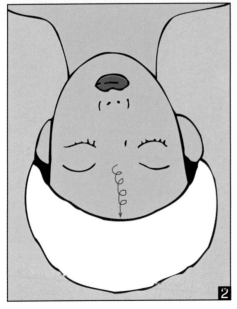

額頭按摩（三）：
左手食指與中指輕靠額部，
右手中指與無名指的指腹從
顧客右額處起，輕繞小圓圈
至左額處止。

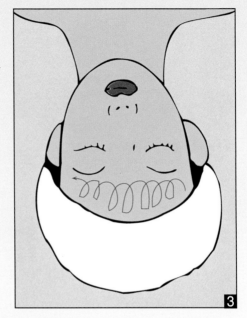

3

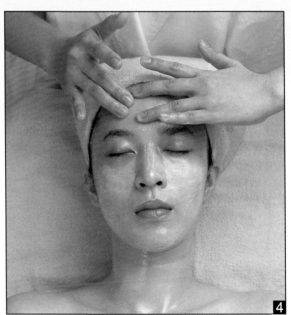

◆額部按摩

4

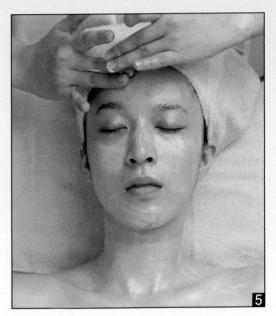

◆額部按摩
5

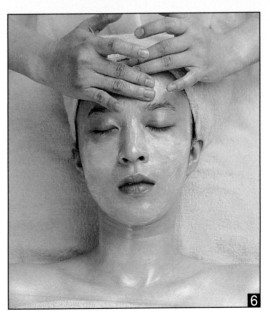

◆額部按摩
6

眼部按摩

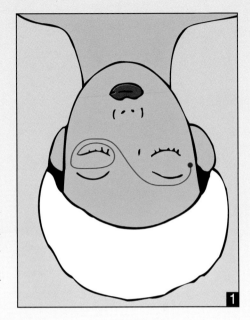

眼部按摩（一）：
左手輕靠模特兒左太陽穴
處，右手中指指腹由左眼眼
尾處滑至眼頭，輕繞眼睛一
圈後，再滑至模特兒右邊太
陽穴輕按。

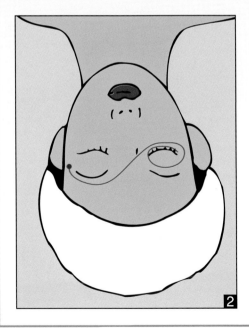

眼部按摩（二）：
右手輕靠模特兒右太陽穴，
左手中指指腹由右眼眼尾處
滑至眼頭，輕繞眼睛一圈
後，再滑至模特兒左邊太陽
穴輕按。

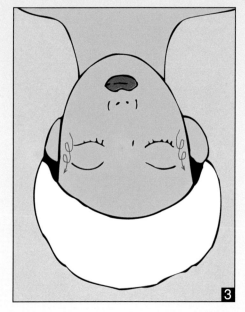

眼部按摩（三）：
雙手中指、無名指同時輕繞
小圓圈至太陽穴處輕按。

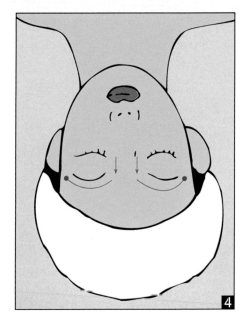

眼部按摩（四）：
用雙手中指與食指輪流交替
提眼窩7～8次後，再滑至太
陽穴處輕按。

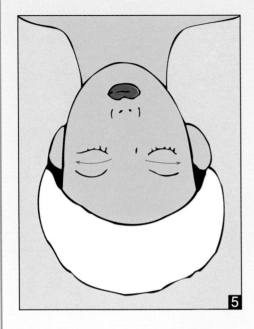

眼部按摩（五）：
雙手四指合併（大拇指交
叉），從眼頭滑至眼尾處（包
括眼睛），再用食指、中指輕
彈下眼瞼。

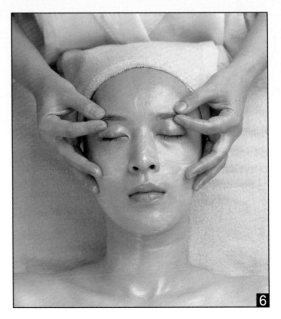

◆眼部按摩

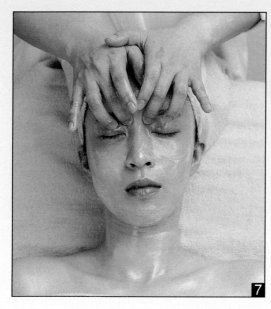

7 ◆眼部按摩

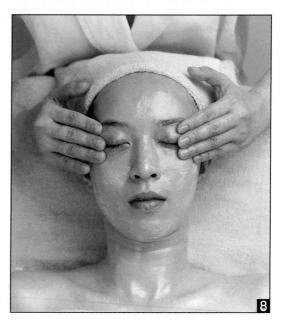

◆眼部按摩 8

鼻子、嘴部按摩

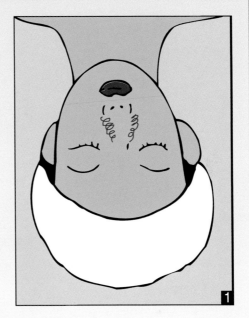

鼻子按摩（一）：
雙手手指打開，用中指、無
名指指腹輕按摩鼻頭、鼻翼
處。

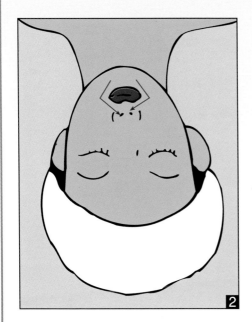

嘴部按摩（一）：
雙手中指指腹由下巴滑至人
中處離開。

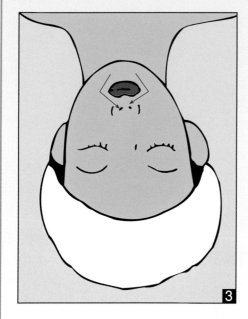

嘴部按摩（二）：
右手大拇指、中指從下巴滑
至人中處離開。

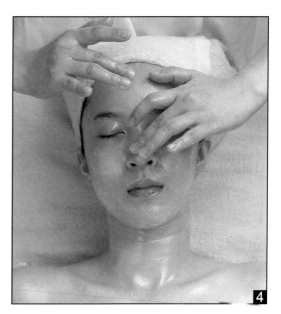

◆鼻部按摩

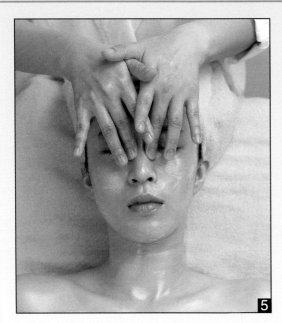

5 ◆鼻部按摩

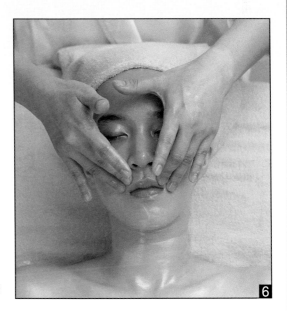

◆嘴部按摩 **6**

頰部按摩

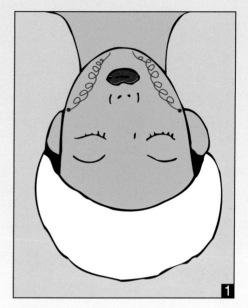

頰部按摩（一）：
雙手中指、無名指由下巴以
向上、向外動作輕繞小圓圈
至耳下處輕按。

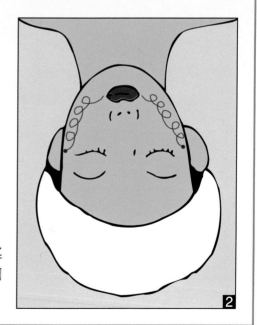

頰部按摩（二）：
雙手中指、無名指由嘴角處
以向上、向外動作輕繞小圓
圈至耳中處輕按。

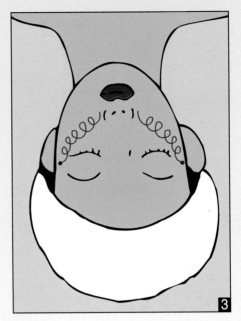

頰部按摩（三）：
雙手中指、無名指由鼻翼處
以向上、向外動作輕繞小圓
圈至太陽穴處輕按。

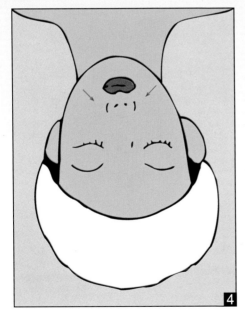

頰部按摩（四）：
雙手四指指腹交替由下往上
輕拍臉頰。

◆頰部按摩

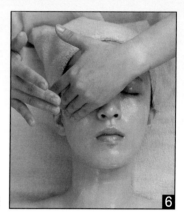
◆頰部按摩

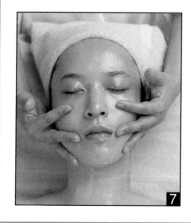
◆頰部按摩

耳、下顎、頸部按摩

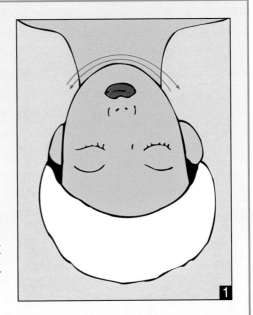

下顎按摩（一）：
右手食指、中指從顧客右耳下夾往下巴滑至左耳下，再用大拇指、食指扣住下顎滑至右耳下，左手亦然。

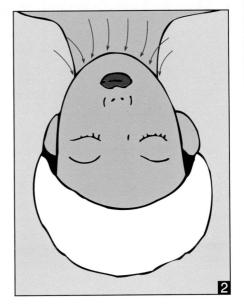

頸部按摩（一）：
雙手手掌交替由下往上做頸部按摩，可從顧客頸部左→右或右→左皆可。

頸部按摩（二）：
雙手手掌以向上、向外繞大
圈圈至後頸處，再由下往上
稍提後頸。

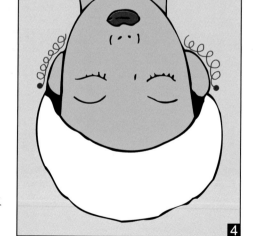

耳部按摩（一）：
雙手大拇指、食指輕繞耳
部。

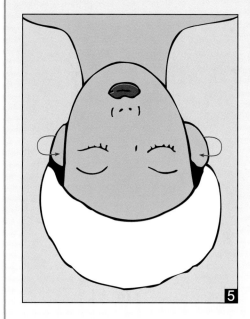

5

耳部按摩（二）：
雙手手掌將耳部蓋住再輕放。

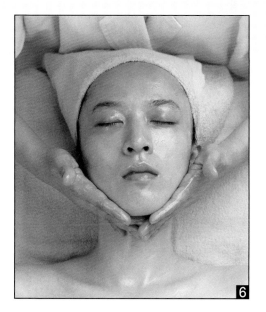

◆下顎按摩

6

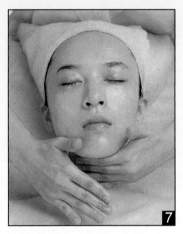

◆頸部按摩

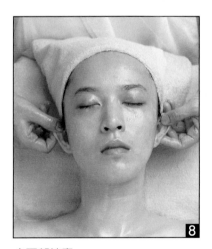

◆耳部按摩

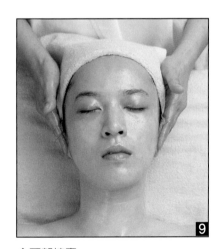

◆耳部按摩

清除按摩霜——以面紙徹底去除。

◆清除按摩霜

PS：因按摩手法種類很多，每個部位按摩只示範三種，僅供參
考。

第三階段：蒸臉 — 10分鐘

※蒸臉使用步驟

 低頭檢視水量，必要時舉手請工作人員添加所需之蒸餾水。

插上插頭。

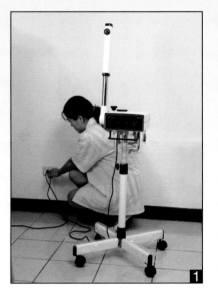

◆插上插頭

打開電源開關（噴頭轉至與模特兒足部平行）。

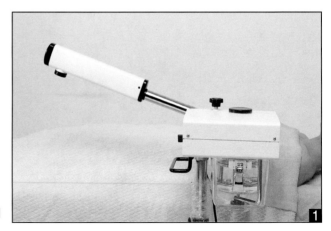

◆開電源開關

以濕棉墊覆蓋模特兒眼部，以保護雙眼。

 確認蒸氣噴出正常與否（當蒸汽已噴出時，先用一張面紙測試之，再開臭氧燈）。

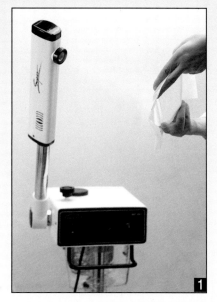

◆測試蒸氣

 將噴嘴轉至對準顧客臉部，噴頭至鼻尖處距離約為40cm（手指至手肘處之距離）。

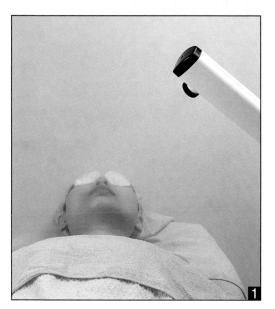

◆噴頭至鼻尖處距離約為40cm

蒸臉完畢，須將蒸臉器噴頭轉至與模特兒足部平行，先關臭氧燈後，再關電源開關。

 拔下插頭、將電線收妥，並推至不妨礙工作處，以免絆倒他人。

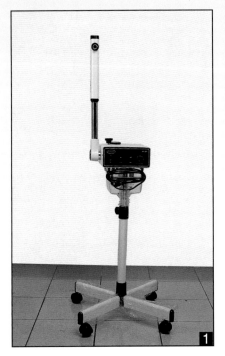

1 ◆收妥蒸臉器

 取下顧客眼墊。

第四階段：敷面及善後工作 — 15分鐘

 先將敷面劑倒於小碟子上，然後用刷子沾取並均勻塗在顧客臉部及頸部，但在口、鼻孔及眼框部位需留白（注意刷面膜的方向）。

例：額部由左至右，頰部由內往外，鼻部由下往上，頸部由下往上。

◆頰部方向

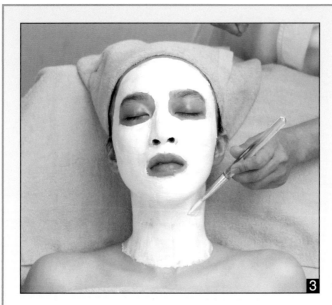

◆頸部方向

2 塗好後，舉手示意，經三位評審檢視認可後即可至毛巾蒸氣箱內取出熱毛巾，並徹底清除敷面霜（注意擦拭毛巾的方向）。

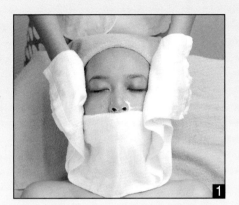

1

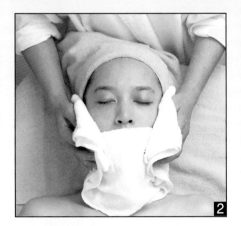

2

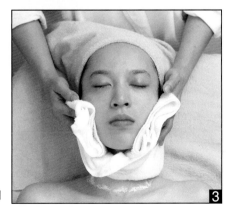

◆毛巾擦拭的方向

3

正確做好基礎保養：化粧水→乳液或面霜。

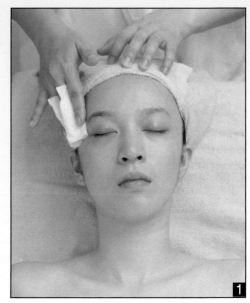

◆擦拭化粧水

◆擦拭乳液或面霜

輕扶顧客起床。

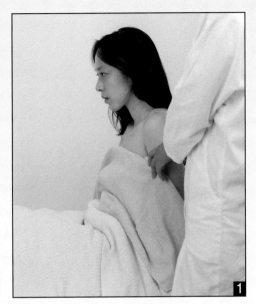

◆輕扶顧客起床

 當顧客穿上紙拖鞋後即可離開。

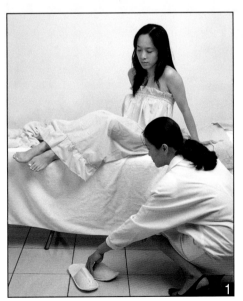

◆取紙拖鞋，讓顧客穿上

處理善後工作（使用過的大、小毛巾均須放至待消毒物品袋內）。

 收妥一切物品後將美容床歸位，即可離開護膚現場。

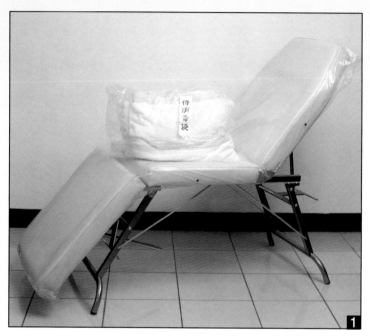

◆美容床歸位

一般粧

一般粧分為：外出粧與職業婦女粧

　　檢定時間為30分鐘。其應檢前後所需要準備的美容工具，以及檢定過程中各步驟程序應注意的事項、化粧品與美容工具的操作運用在下文中皆有詳細的敘述。

一般粧

測驗項目：一般粧

自備工具表：

項次	工具名稱	規格尺寸	數量	備註
1	卸粧乳	屬合格保養製品		
2	化粧水	屬合格保養製品		
3	乳液或面霜	屬合格保養製品		
4	粉底	屬合格保養製品		深色、淺色及適合模特兒的膚色
5	蜜粉	屬合格保養製品		
6	眼影	屬合格保養製品		
7	眼線筆或眼線液	屬合格保養製品		
8	腮紅	屬合格保養製品		
9	唇膏	屬合格保養製品		
10	睫毛膏	屬合格保養製品		
11	白色髮帶		1條	
12	白色圍巾		1條	
13	小毛巾		1條	白色
14	化粧棉		適量	
15	化粧紙		適量	
16	海綿		數片	
17	眼影棒		數支	
18	修容刷		數支	
19	唇筆		1支	
20	挖杓		數支	
21	酒精棉罐	附蓋	1罐	附鑷子，內含適量酒精棉球
22	睫毛夾		1支	
23	垃圾袋	約30×20cm以上	1個	
24	待消毒物品袋	約30×20cm以上	1個	

外出粧

外出粧注意事項

1. 測驗進行前模特兒須以素面應檢。
2. 模特兒所需配戴的化粧髮帶、圍巾及化粧品、工具等應檢人員可於檢定前處理妥當。
3. 應檢前從業人員除了須將手部指甲剪短及保持手部潔淨外，進行測驗時必須戴口罩但手部不可戴戒指。
4. 應檢時所自備的化粧品皆必須是屬於合法的產品。
5. 色彩粧扮以淡雅為主，故整體的粧扮不適合過於濃厚。
6. 本項測驗自基礎保養開始。
7. 模特兒所用的粉底顏色應配合膚色，厚薄要適中且需均勻，並與耳朵、頸部之皮膚無明顯界線。
8. 取用蜜粉時為顧及衛生之要求，需先將蜜粉倒在化粧紙上再使用。
9. 眼部及唇部所用的色彩必須能配合自然光線，且其完成的臉部化粧須乾淨、色彩調和及切合主題。
10. 須描繪適合模特兒眼型的上、下眼線，但使用的化粧品不限用眼線液。
11. 雖不須配戴假睫毛但須刷睫毛膏，否則以單項未完成論之。
12. 使用筆狀化粧品「前、後」須用酒精棉球消毒。
13. 取用唇膏或粉條時應以挖杓取用。
14. 檢定過程中可重複使用之器具用畢後應置入「待消毒物品袋」中，待有空時再一併予以適當之清潔與消毒處理。
15. 進行本項測驗時除了基礎保養外，若有一項未完成則該項與整體感皆不計分。
16. 於規定時間內未完成的項目若超過兩項以上（含兩項）者，則外出粧完全不予計分。

外出粧應檢流程

1 應檢前,模特兒須以素面應檢。

2 模特兒化粧髮帶、圍巾的使用,應檢前可先處理妥當。

3 應檢前可將所帶的化粧物品置於鏡檯桌上,並將垃圾袋及待消毒物品袋夾至鏡檯兩側。

◆化粧品及工具的擺設
(產品由羅綺美容醫學提供)

應檢時，需從基礎保養開始進行（化粧水→乳液或日霜）。

 粉底應配合膚色塗抹全臉、頸部、耳部等處，厚薄要適中，不可有塊狀及浮粉等現象；尤其在髮際、耳朵、下顎處不可有界線。

◆髮際、耳朵、下顎處不可有界線

 取用蜜粉時應兼顧衛生之要求，將蜜粉倒出使用。

◆蜜粉倒於化粧紙上，才可使用

眼部眼影需配合自然光線的色彩化粧,並達到修飾眼型效果。

◆眼影的修飾

 眼線的線條需達到修飾與順暢之效果。

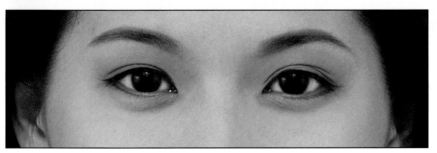

◆眼線線條順暢

眉毛需注意眉色適當及左右眉毛高低、粗細、長短一致。

 不需戴假睫毛,但需刷睫毛膏(睫毛不能數根黏在一起)。

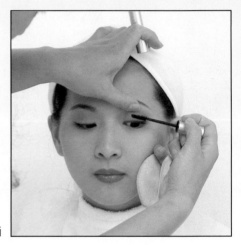

◆睫毛的修飾

 腮紅需依臉型修飾,且色彩要勻稱。

◆腮紅的修飾

唇膏色彩應搭配唇色、眼影、腮紅等,取用唇膏時,需以刮棒取出使用。

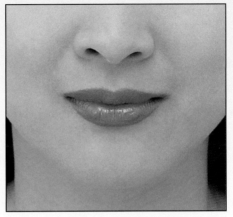

◆唇部的修飾

化粧程序不拘,但完成之臉部化粧須乾淨、色彩調和,以健康、淡雅表現外出郊遊化粧。

◆外出粧

 應檢時間內2至8項中有一項未完成者,除該項不予計分外,(9)整體感亦不計分;未完成兩項以上(含兩項者),則該項化粧完全不予計分。

化粧品與美容工具的操作運用

 色彩表現需柔和，且眼線需順暢不可有段落。

◆眼影的刷法

睫毛的刷法——不可使用透明睫毛膏。

◆睫毛的刷法

❸ 眉毛的刷法——眉筆顏色需與眉色相近。

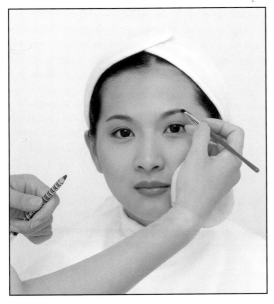

◆眉毛的刷法

腮紅的刷法——
需配合臉型。

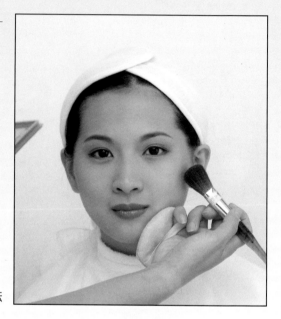

◆腮紅的刷法

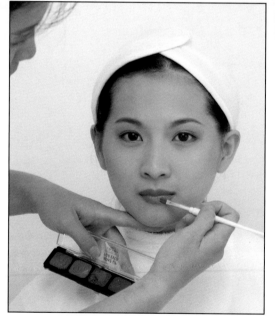

5 唇膏的用法——
需配合眼影色
彩。

◆唇膏的用法

職業婦女粧

職業婦女粧注意事項

1. 測驗進行前模特兒須以素面應檢。
2. 模特兒所需配戴的化粧髮帶、圍巾及化粧品、工具等，應檢人員應於檢定前處理妥當。
3. 應檢前從業人員除了須將手部指甲剪短及保持手部潔淨外，進行測驗時必須戴口罩，但手部不可戴戒指。
4. 應檢時所自備的化粧品皆必須是屬於合法的產品。
5. 色彩粧扮應以自然、柔和的方式，來表現出幹練、大方及高雅的化粧。
6. 本項測驗自基礎保養開始。
7. 模特兒所用的粉底顏色應配合膚色，厚薄要適中且需均勻，並與耳朵、頸部之皮膚無明顯界線。
8. 取用蜜粉為顧及衛生要求，先將蜜粉倒在化粧紙上再使用。
9. 眼部及唇部所用的色彩必須能配合上班場所人工照明的燈光，且其完成的臉部化粧須乾淨、色彩調和及切合主題。
10. 須描繪適合模特兒眼型的上、下眼線，但使用的化粧品不限用眼線液。
11. 雖不須配戴假睫毛但須刷睫毛膏，否則以單項未完成論之。
12. 使用筆狀化粧品「前、後」須用酒精棉球消毒。
13. 取用唇膏或粉條時應以挖杓取用。
14. 檢定過程中可重複使用之器具用畢後應置入「待消毒物品袋」中，待有空時再一併予以適當之清潔與消毒處理。
15. 進行本項測驗時除了基礎保養外，若有一項未完成則該項與整體感皆不計分。
16. 於規定時間內未完成的項目若超過兩項以上（含兩項）者，則職業婦女粧完全不予計分。

職業婦女粧應檢流程

1 應檢前，模特兒須以素面應檢。

2 模特兒化粧髮帶、圍巾的使用，應檢前可先處理妥當。

3 應檢前，可將所帶的化粧物品置於鏡檯桌上，並將垃圾袋及待消毒物品袋夾至鏡檯兩側。

◆化粧品及工具的擺設
（產品由羅綺美容醫學提供）

4 應檢時，需從基礎保養開始進行（化粧水→乳液或日霜）。

5 粉底應配合膚色塗抹全臉、頸部、耳部等處，厚薄要適中，不可有塊狀及浮粉等現象，尤其在髮際、耳朵、下顎處等不可有界線。

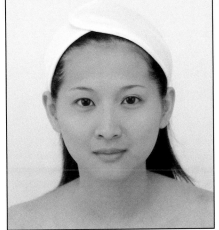

◆髮際、耳朵、下顎不可有界線

取用蜜粉時應兼顧衛
生之要求，將蜜粉倒
出使用。

◆蜜粉倒於化粧紙上，才可使用

 眼部眼影需配合柔和、淡雅的色彩化粧，並達到修飾眼型
效果。

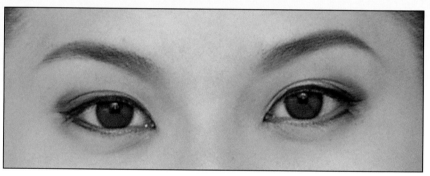

◆眼影與眼線的修飾

 眼線的線條需達到修飾與順暢之效果。

 眉毛需注意眉色適當及左右眉毛高低、粗細、長短一致。

10 不需戴假睫毛，但需刷睫毛膏（睫毛不能數根黏在一起）。

◆睫毛的刷法──不可使用透明睫毛膏

◆腮紅符合臉型修飾

11 腮紅需依臉型修飾，色彩需勻稱。

12 唇膏色彩應配合唇色、眼影、腮紅等，取用唇膏時，須以刮棒取出使用。

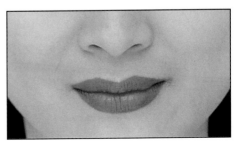

◆唇部修飾

化粧程序不拘，但完成之臉部化粧須表現出知性、幹練、大方、高雅的職業女性化粧。

◆職業婦女粧

 應檢時間2至8項內有一項未完成者，除該項不予計分外，(9) 整體感亦不計分；未完成兩項以上（含兩項者），該項化粧完全不予計分。

宴會粧

宴會粧分為：日間宴會粧與晚間宴會粧

    檢定時間為50分鐘。其應檢前後所需要準備的美容工具，以及檢定過程中各步驟程序應注意的事項在下文中皆有詳細的敘述。

宴會粧

測驗項目：宴會粧

自備工具表

項次	工具名稱	規格尺寸	數量	備註
1	卸粧乳	屬合格保養製品		
2	化粧水	屬合格保養製品		
3	乳液或面霜	屬合格保養製品		
4	粉底	屬合格保養製品		深色、淺色及適合模特兒的膚色
5	蜜粉	屬合格保養製品		
6	眼影	屬合格保養製品		色彩不限
7	眼線筆或眼線液	屬合格保養製品		
8	腮紅	屬合格保養製品		
9	唇膏	屬合格保養製品		
10	唇筆		1支	
11	白色髮帶		1條	
12	白色圍巾		1條	
13	小毛巾		1條	白色
14	化粧棉		適量	
15	化粧紙		適量	
16	海綿		數片	
17	眼影棒		數支	
18	修容刷		數支	
19	挖杓		數支	
20	酒精棉罐	附蓋	1罐	附鑷子，內含適量酒精棉球
21	剪刀		1支	
22	假睫毛		1組	適合宴會粧
23	睫毛膠		1瓶	
24	棉花棒		適量	
25	垃圾袋	約30×20cm以上	1個	
26	待消毒物品袋	約30×20cm以上	1個	

日間宴會粧

日間宴會粧注意事項

1. 測驗進行前模特兒須以素面應檢。
2. 模特兒所需配戴的化粧髮帶、圍巾及化粧品、工具應檢人員應於檢定前處理妥當。
3. 應檢前從業人員除了須將手部指甲剪短，及保持手部潔淨外，進行測驗時必須戴口罩且手部不可戴戒指。
4. 應檢時所自備的化粧品皆必須是屬於合法的產品。
5. 色彩粧扮須表現出明亮及具有高貴感。
6. 本項測驗自基礎保養開始。
7. 模特兒所用的粉底顏色應配合膚色，厚薄要適中且需均勻，並與耳朵、頸部之皮膚無明顯界線。
8. 取用蜜粉時為顧及衛生之要求，需先將蜜粉倒在化粧紙上再使用。
9. 眼部及唇部所用的色彩必須能配合日間宴會場所的燈光，且其完成的臉部化粧須乾淨、色彩調和及切合主題。
10. 須裝戴適合主題的假睫毛，且在裝戴前必須修剪成適合模特兒眼長之長度。
11. 須描繪適合模特兒眼型的上、下眼線，但使用的化粧品不限用眼線液。
12. 須描繪適合模特兒鼻型的鼻影。
13. 使用筆狀化粧品「前、後」須用酒精棉球消毒。
14. 取用唇膏或粉條時應以挖杓取用。
15. 應檢過程中模特兒的指甲不須進行修剪，祇須進行塗抹指甲油，但指甲油的色彩必須與化粧協調。
16. 檢定過程中可重複使用之器具用畢後應置入「待消毒物品袋」中，待有空時再一併予以適當之清潔與消毒處理。
17. 進行本項測驗時除了基礎保養外，若有一項未完成則該項與整體感皆不計分。

18.於規定時間內未完成的項目若超過兩項以上（含兩項）者，則日間宴會粧完全不予計分。

日間宴會粧應檢流程

 應檢前，模特兒須以素面應檢。

 模特兒化粧髮帶、圍巾的使用，應檢前可先處理妥當。

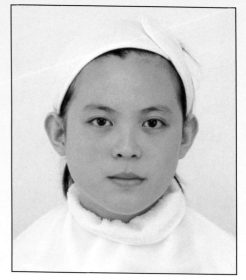

◆素面應檢

 應檢前，可將所帶化粧物品置於鏡檯桌上，並將垃圾袋及待消毒物品袋夾至鏡檯兩側。

◆化粧品及工具的擺設
（產品由羅綺美容醫學提供）

應檢時,需從基礎保養開始進行(化粧水→乳液或日霜)。

 粉底應配合膚色塗抹全臉、頸部、耳部等處,厚薄要適中,不可有塊狀及浮粉等現象,尤其在髮際、耳朵、下顎等處不可有界線。

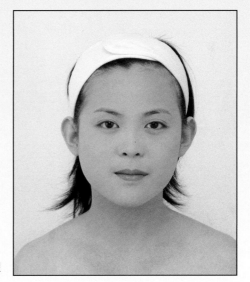

◆髮際、耳朵、下顎不可有界線

 取用蜜粉時,應兼顧衛生之要求,將蜜粉倒出使用。

◆蜜粉倒於化粧紙上,才可使用

眼影色彩需配合日間宴會場所的燈光,儘量表現出明亮、高貴感。

 眼線的線條需達到修飾與順暢之效果。

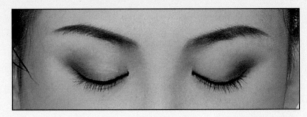

◆眼影的修飾

 假睫毛使用時,需注意修剪及裝戴。

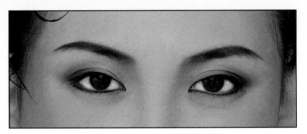

◆要裝戴假睫毛,眉毛左右要對稱

 眉毛注意眉色及形狀對稱。

 鼻影修飾效果需達到立體自然。

腮紅需依照臉型達到修飾及色彩勻稱度。

◆腮紅符合臉型修飾

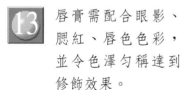 唇膏需配合眼影、腮紅、唇色色彩，並令色澤勻稱達到修飾效果。

 指甲油色彩需與眼影、唇膏的色系協調。

◆唇部線條順暢

化粧程序不拘，但完成之臉部化粧須乾淨、色彩調和。

 整體表現必須切合主題。

◆日間宴會粧

 應檢時務必注意自身姿勢、儀態等重要性。

 本項評分於應檢時間內2至10項中有一項未完成者，除該項不予計分外，（11）整體感亦不計分；未完成兩項以上（含兩項者），宴會粧完全不予計分。

晚間宴會粧

晚間宴會粧注意事項

1. 測驗進行前模特兒須以素面應檢。

2. 模特兒所需配戴的化粧髮帶、圍巾及化粧品、工具等，應檢人員應於檢定前處理妥當。

3. 應檢前從業人員除了須將手部指甲剪短及保持手部潔淨外，進行測驗時必須戴口罩但手部不可戴戒指。

4. 應檢時所自備的化粧品皆必須是屬於合法的產品。

5. 色彩粧扮須表現出明亮及具豔麗感。

6. 本項測驗自基礎保養開始。

7. 模特兒所用的粉底顏色應配合膚色，厚薄要適中且需均勻，並與耳朵、頸部之皮膚無明顯界線。

8. 取用蜜粉時為顧及衛生之要求，需先將蜜粉倒在化粧紙上再使用。

9. 眼部及唇部所用的色彩必須能配合日間宴會場所的燈光，且其完成的臉部化粧須乾淨、色彩調和及切合主題。

10. 須裝戴適合主題的假睫毛，且在裝戴前必須修剪成適合模特兒眼長之長度。

11. 須描繪適合模特兒眼型的上、下眼線，但使用的化粧品不限用眼線液。

12. 須描繪適合模特兒鼻型的鼻影。

13. 使用筆狀化粧品「前、後」須用酒精棉球消毒。

14. 取用唇膏或粉條時應以挖杓取用。

15. 應檢過程中模特兒的指甲不須進行修剪，祇須進行塗抹指甲油，但指甲油的色彩必須與化粧協調。

16. 檢定過程中可重複使用之器具用畢後應置入「待消毒物品袋」中，待有空時再一併予以適當之清潔與消毒處埋。

17. 進行本項測驗時除了基礎保養外，若有一項未完成則該項與整體感皆不計分。

18.於規定時間內未完成的項目若超過兩項以上（含兩項）者，則晚間宴會粧完全不予計分。

晚間宴會粧應檢流程

 應檢前，模特兒須以素面應檢。

 模特兒化粧髮帶、圍巾的使用，應檢前可先處理妥當。

 應檢前，可將所帶化粧物品置於鏡檯桌上，並將垃圾袋及
待消毒物品袋夾至鏡檯兩側。

◆化粧品及工具的擺設
（產品由羅綺美容醫學提供）

 應檢時，需從基礎保養開始進行（化粧水→乳液或日
霜）。

粉底應配合膚色塗抹全臉、頸部、耳部等處,厚薄要適中,不可有塊狀及浮粉等現象,尤其在髮際、耳朵、下顎等處不可有界線。

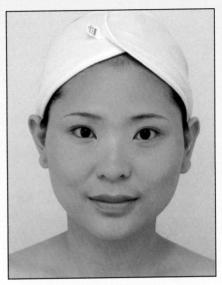

◆髮際、耳朵、下顎不可有界線

 取用蜜粉時,應兼顧衛生之要求,將蜜粉倒出使用。

◆蜜粉倒於化粧紙上,才可使用

◆眼影的修飾

7 眼影色彩需配合晚間宴會場所的燈光，儘量表現出明亮、豔麗感。

8 眼線的線條需達到修飾與順暢之效果。

9 假睫毛使用時，需注意修剪及裝戴。

10 眉毛注意眉色及形狀對稱。

◆眉毛左右對稱

78

鼻影修飾效果需達到立體自然。

 腮紅需依照臉型達到修飾及色彩勻稱度。

◆腮紅符合臉型修飾

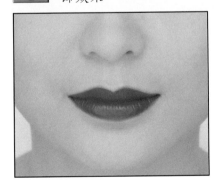

◆唇部線條順暢

指甲油色彩需與眼影、唇膏的色系協調。

 化粧程序不拘，但完成之臉部化粧須乾淨、色彩調和。

 整體表現必須切合主題。

◆晚間宴會粧

 應檢時務必注意自身姿勢、儀態等重要性。

 本項評分於應檢時間內2至10項中有一項未完成者，除該項不予計分外，（11）整體感亦不計分；未完成兩項以上（含兩項者），宴會粧完全不予計分。

衛生技能

衛生技能檢定共分為三站，由於應檢人員實作流程分三個階段進行，因此由三個不同的評審依應檢人員進行過程給予評分，例：

第一站：化粧品安全衛生之辨識。
第二站：洗手與手部消毒操作。
第三站：消毒液和消毒方法之辨識與操作要領。

以下為各站的詳盡介紹。

化粧品安全衛生之辨識

注意事項

1. 應檢人員必須依書面內容作答，作答問題時以打勾的方式填答。
2. 本測驗試題雖分兩大題，但第一大題又細分為五小題，所以應檢人員必須每題都填答。
3. 此項測驗為書面作答題，應檢人員不須進行實作測驗。

應檢流程

☆當應檢人員取得書面測驗卷時必須先將個人姓名、檢定編號及題卡編號填妥，然後再進行填答。

☆應檢人員依檢定現場所抽出的化粧品外包裝代號籤（題卡編號）做為檢定的試題。

☆當檢定試題內容公布後應檢人員即開始以書面作答，作答完畢後立刻交由監評人員評定。

☆為使妳明確瞭解化粧品安全衛生之辨識書面作答的方式，特舉數例說明：

例一　蜜麗寶面皰洗面皂

蜜麗寶 **ACNE** 面皰	
WASHING FOAM 洗面皂	
CLEANSE & REFRESH *PRACTICE DAILY* *HELPS CLEAR ACNE*	注意事項： ○使用後，請隨手蓋緊蓋子。 保存方法： ○請勿置於陽光直接照射處或高溫場所。 主要成份：ETHINYLESTRADIOL 規格：霜狀。75g 衛署粧製字第0584號 批號：GLO15780 保存期限：3年 製造商：蜜麗寶股份有限公司 廠址：桃園縣八德鄉仁里路58號
COSMETICS TO PREVENT ACNE 含藥化妝品	

題卡編號：A1

美容丙級技術士技能檢定術科測試衛生技能實作評分表（一）

題卡編號		姓　　名		檢定編號	

一、化粧品安全衛生之辨識測驗用卷(40分)（發給應檢人）

說明：由應檢人依據化粧品外包裝題卡，以書面勾選作答方式填答下列內
　　　容，作答完畢後，交由監評人員評定，標示不全或錯誤，均視同未標
　　　示（未填寫題卡號碼者，本項以零分計）。

測驗時間：四分鐘

一、本化粧品標示內容：

　　（一）中文品名：(4分)
　　　　　□有標示　　　　　　□未標示

　　（二）1.□國產品：(4分)
　　　　　　　製造廠商名稱：□有標示　　　　□未標示
　　　　　　　地　　　址：□有標示　　　　□未標示
　　　　　2.□輸入品：
　　　　　　　輸入廠商名廠：□有標示　　　　□未標示
　　　　　　　地　　　　址：□有標示　　　　□未標示

　　（三）出廠日期或批號：(4分)
　　　　　□有標示　　　　　　□未標示

　　（四）保存期限：(4分)
　　　　　□有標示　　　　　　□未標示
　　　　　□未過期　　　　　　□已過期　　　　　　□無法判定是否過期

　　（五）用途：(4分)
　　　　　□有標示　　　　　　□未標示

　　（六）許可證字號：(4分)
　　　　　□免標示　　　　　　□有標示　　　　　　□未標示

　　（七）重量或容量：(4分)
　　　　　□有標示　　　　　　□未標示

二、依上述七項判定化粧品是否及格：（12分）（若上述（一）至（七）小項
　　有任一小項答錯，則本項不給分）
　　　　　□合格　　　　　　□不合格

監評人員簽名：	得分：

辦理單位章戳：

美容丙級技術士技能檢定術科測試衛生技能實作評分表（一）

題卡編號	A1	姓　　名	許婉玲	檢定編號	28

一、化粧品安全衛生之辨識測驗用卷(40分)（發給應檢人）

說明：由應檢人依據化粧品外包裝題卡，以書面勾選作答方式填答下列內
　　　容，作答完畢後，交由監評人員評定，標示不全或錯誤，均視同未標
　　　示（未填寫題卡號碼者，本項以零分計）。

測驗時間：四分鐘

一、本化粧品標示內容：
　　（一）中文品名：(4分)
　　　　　☑有標示　　　　　　□未標示
　　（二）1.☑國產品：(4分)
　　　　　　　製造廠商名稱：☑有標示　　　　□未標示
　　　　　　　地　　　　址：☑有標示　　　　□未標示
　　　　　2.□輸入品：
　　　　　　　輸入廠商名廠：□有標示　　　　□未標示
　　　　　　　地　　　　址：□有標示　　　　□未標示
　　（三）出廠日期或批號：(4分)
　　　　　☑有標示　　　　　　□未標示
　　（四）保存期限：(4分)
　　　　　☑有標示　　　　　　□未標示
　　　　　□未過期　　　　　　□已過期　　　　　☑無法判定是否過期
　　（五）用途：(4分)
　　　　　□有標示　　　　　　☑未標示
　　（六）許可證字號：(4分)
　　　　　□免標示　　　　　　☑有標示　　　　　□未標示
　　（七）重量或容量：(4分)
　　　　　☑有標示　　　　　　□未標示
二、依上述七項判定化粧品是否及格：（12分）（若上述（一）至（七）小項
　　有任一小項答錯，則本項不給分）
　　　　□合格　　　　　　☑不合格

監評人員簽名：	得分：

辦理單位章戳：

例二　柏莉雅美白面膜

PROFESSIONNEL	
美白面膜 MASQUE CREME "BEAUTE ECLAIR" "BEAUTE FLASH"	
	用途：滋潤皮膚 用法：塗抹於乾淨臉部，十分鐘後再以清水洗 　　　淨 保存方法：勿置於高溫及陽光照射處 代理商：柏莉雅國際股份有限公司 本產品免衛署字號
e 150ml-5fl.oz. REF.0000000 EMB.00000A	

題卡編號‧B3

美容丙級技術士技能檢定術科測試衛生技能實作評分表（一）

題卡編號		姓　　名		檢定編號	

一、化粧品安全衛生之辨識測驗用卷(40分)（發給應檢人）

說明：由應檢人依據化粧品外包裝題卡，以書面勾選作答方式填答下列內
　　　容，作答完畢後，交由監評人員評定，標示不全或錯誤，均視同未標
　　　示（未填寫題卡號碼者，本項以零分計）。

測驗時間：四分鐘

一、本化粧品標示內容：

（一）中文品名：(4分)
　　　□有標示　　　　　　　□未標示

（二）1.□國產品：(4分)
　　　　　製造廠商名稱：□有標示　　　　□未標示
　　　　　地　　　　址：□有標示　　　　□未標示
　　　2.□輸入品：
　　　　　輸入廠商名廠：□有標示　　　　□未標示
　　　　　地　　　　址：□有標示　　　　□未標示

（三）出廠日期或批號：(4分)
　　　□有標示　　　　　　　□未標示

（四）保存期限：(4分)
　　　□有標示　　　　　　　□未標示
　　　□未過期　　　　　　　□已過期　　　　　□無法判定是否過期

（五）用途：(4分)
　　　□有標示　　　　　　　□未標示

（六）許可證字號：(4分)
　　　□免標示　　　　　　　□有標示　　　　　□未標示

（七）重量或容量：(4分)
　　　□有標示　　　　　　　□未標示

二、依上述七項判定化粧品是否及格：（12分）（若上述（一）至（七）小項
　　有任一小項答錯，則本項不給分）
　　　□合格　　　　　　　　□不合格

監評人員簽名：	得分：

辦理單位章戳：

美容丙級技術士技能檢定術科測試衛生技能實作評分表（一）

題卡編號	B3	姓　　名	許婉玲	檢定編號	28

一、化粧品安全衛生之辨識測驗用卷(40分)（發給應檢人）

說明：由應檢人依據化粧品外包裝題卡，以書面勾選作答方式填答下列內容，作答完畢後，交由監評人員評定，標示不全或錯誤，均視同未標示（未填寫題卡號碼者，本項以零分計）。

測驗時間：四分鐘

一、本化粧品標示內容：
　　（一）中文品名：(4分)
　　　　　☑有標示　　　　　　　□未標示
　　（二）1.□國產品：(4分)
　　　　　　　製造廠商名稱：□有標示　　　　□未標示
　　　　　　　地　　　　址：□有標示　　　　□未標示
　　　　　2.☑輸入品：
　　　　　　　輸入廠商名廠：☑有標示　　　　□未標示
　　　　　　　地　　　　址：□有標示　　　　☑未標示
　　（三）出廠日期或批號：(4分)
　　　　　□有標示　　　　　　☑未標示
　　（四）保存期限：(4分)
　　　　　□有標示　　　　　　☑未標示
　　　　　□未過期　　　　　　□已過期　　　　☑無法判定是否過期
　　（五）用途：(4分)
　　　　　☑有標示　　　　　　□未標示
　　（六）許可證字號：(4分)
　　　　　☑免標示　　　　　　□有標示　　　　　　□未標示
　　（七）重量或容量：(4分)
　　　　　☑有標示　　　　　　□未標示
二、依上述七項判定化粧品是否及格：（12分）（若上述（一）至（七）小項有任一小項答錯，則本項不給分）
　　　　　□合格　　　　　　☑不合格

監評人員簽名：	得分：

辦理單位章戳：

例三

金生麗水

成　　份：甘菊、黃瓜
容　　量：150ml
代 理 商：聖迪亞有限公司
地　　址：高雄縣中正路285號

題卡編號：C2

例四

保濕化粧水

成　　份：保濕因子、PCA
容　　量：250ml
用　　途：柔軟皮膚預防皮膚乾燥
用　　法：洗完臉，用化粧棉沾取，擦拭全臉
代 理 商：奧莉絲有限公司
地　　址：彰化市中正路235號
批　　號：1999.2.3
保存期限：三年

題卡編號：D4

美容丙級技術士技能檢定術科測試衛生技能實作評分表（一）

題卡編號		姓　　名		檢定編號	

一、化粧品安全衛生之辨識測驗用卷(40分)（發給應檢人）

說明：由應檢人依據化粧品外包裝題卡，以書面勾選作答方式填答下列內
　　　容，作答完畢後，交由監評人員評定，標示不全或錯誤，均視同未標
　　　示（未填寫題卡號碼者，本項以零分計）。

測驗時間：四分鐘

一、本化粧品標示內容：
　　（一）中文品名：(4分)
　　　　　□有標示　　　　　　□未標示
　　（二）1.□國產品：(4分)
　　　　　　　製造廠商名稱：□有標示　　　　　□未標示
　　　　　　　地　　　　　址：□有標示　　　　　□未標示
　　　　　2.□輸入品：
　　　　　　　輸入廠商名廠：□有標示　　　　　□未標示
　　　　　　　地　　　　　址：□有標示　　　　　□未標示
　　（三）出廠日期或批號：(4分)
　　　　　□有標示　　　　　　□未標示
　　（四）保存期限：(4分)
　　　　　□有標示　　　　　　□未標示
　　　　　□未過期　　　　　　□已過期　　　　　　□無法判定是否過期
　　（五）用途：(4分)
　　　　　□有標示　　　　　　□未標示
　　（六）許可證字號：(4分)
　　　　　□免標示　　　　　　□有標示　　　　　　□未標示
　　（七）重量或容量：(4分)
　　　　　□有標示　　　　　　□未標示

二、依上述七項判定化粧品是否及格：（12分）（若上述（一）至（七）小項
　　有任一小項答錯，則本項不給分）
　　　　　□合格　　　　　　□不合格

監評人員簽名：	得分：

辦理單位章戳：

美容丙級技術士技能檢定術科測試衛生技能實作評分表（一）

題卡編號	C2	姓　　名	許婉玲	檢定編號	28

一、化粧品安全衛生之辨識測驗用卷(40分)（發給應檢人）

說明：由應檢人依據化粧品外包裝題卡，以書面勾選作答方式填答下列內
　　　容，作答完畢後，交由監評人員評定，標示不全或錯誤，均視同未標
　　　示（未填寫題卡號碼者，本項以零分計）。

測驗時間：四分鐘

一、本化粧品標示內容：

　　（一）中文品名：(4分)
　　　　　☑有標示　　　　　　　□未標示

　　（二）1.□國產品：(4分)
　　　　　　　製造廠商名稱：□有標示　　　　□未標示
　　　　　　　地　　　　址：□有標示　　　　□未標示

　　　　　2.☑輸入品：
　　　　　　　輸入廠商名廠：☑有標示　　　　□未標示
　　　　　　　地　　　　址：☑有標示　　　　□未標示

　　（三）出廠日期或批號：(4分)
　　　　　□有標示　　　　　　　☑未標示

　　（四）保存期限：(4分)
　　　　　□有標示　　　　　　　☑未標示
　　　　　□未過期　　　　　□已過期　　　☑無法判定是否過期

　　（五）用途：(4分)
　　　　　□有標示　　　　　　　☑未標示

　　（六）許可證字號：(4分)
　　　　　☑免標示　　　　　□有標示　　　　□未標示

　　（七）重量或容量：(4分)
　　　　　☑有標示　　　　　　　□未標示

二、依上述七項判定化粧品是否及格：（12分）（若上述（一）至（七）小項
　　有任一小項答錯，則本項不給分）
　　　　　□合格　　　　　☑不合格

監評人員簽名：	得分：

辦理單位章戳：

美容丙級技術士技能檢定術科測試衛生技能實作評分表（一）

題卡編號	D4	姓　　名	許婉玲	檢定編號	28

一、化粧品安全衛生之辨識測驗用卷(40分)（發給應檢人）

說明：由應檢人依據化粧品外包裝題卡，以書面勾選作答方式填答下列內
　　　容，作答完畢後，交由監評人員評定，標示不全或錯誤，均視同未標
　　　示（未填寫題卡號碼者，本項以零分計）。

測驗時間：四分鐘

一、本化粧品標示內容：

（一）中文品名：(4分)

☑有標示　　　　　□未標示

（二）1.□國產品：(4分)

製造廠商名稱：□有標示　　　　　□未標示
地　　　　址：□有標示　　　　　□未標示

2.☑輸入品：

輸入廠商名廠：☑有標示　　　　　□未標示
地　　　　址：☑有標示　　　　　□未標示

（三）出廠日期或批號：(4分)

☑有標示　　　　　□未標示

（四）保存期限：(4分)

☑有標示　　　　　□未標示
□未過期　　　　　☑已過期　　　　　□無法判定是否過期

（五）用途：(4分)

☑有標示　　　　　□未標示

（六）許可證字號：(4分)

☑免標示　　　　　□有標示　　　　　□未標示

（七）重量或容量：(4分)

☑有標示　　　　　□未標示

二、依上述七項判定化粧品是否及格：（12分）（若上述（一）至（七）小項
　　有任一小項答錯，則本項不給分）

□合格　　　　　☑不合格

監評人員簽名：　　　　　　　　　　　得分：

辦埋單位章戳：

92

洗手與手部消毒操作

注意事項

1. 應檢人員除了須填寫應檢測驗用卷外，亦必須實際進行洗手及手部消毒的程序。
2. 應檢人員未能寫出洗手與手部消毒原因以及選擇適用的手部消毒液時，則該項完全以零分計算。
3. 若選用75%酒精來進行手部消毒則消毒後不必再用清水沖洗。
4. 若選用 1%苯基氯卡銨來進行手部消毒則消毒後必須再用清水沖洗。

應檢流程

☆為使你能明確瞭解洗手與手部消毒的操作程序，將舉一個例案說明：

美容丙級技術士技能檢定術科測試衛生技能實作評分表（三）

姓　　名		檢定編號	

三、洗手與手部消毒操作測驗用卷（15分）（發給應檢人）

說明：1.由應檢人寫出在營業場所為顧客健康何時應洗手、何時應作手部消
毒。

2.勾選出將使用消毒試劑名稱及濃度，進行洗手操作並選用消毒試劑進
行消毒（未能選用適當消毒試劑，手部消毒操作不予計分）。

測驗時間：四分鐘（書面作答兩分鐘，洗手及消毒操作兩分鐘）

一、為維護顧客健康請寫出在營業場所中洗手的時機為何？（至少二項，每
項1分）（2分）

答：1. _____

　　2. _____

二、進行洗手操作（8分）（本項為實際操作）

三、為維護顧客健康請寫出在營業場所手部何時做消毒？（述明一項即可）（2
分）

答： _____

四、勾選出一種正確手部消毒試劑試劑名稱及濃度（1分）

　　答：□1.　75%酒精溶液　　　　　□2.　200ppm氯液

　　　　□3.　6%煤餾油酚肥皂溶液　□4.　0.1%陽性肥皂液

五、進行手部消毒操作（2分）（本項為實際操作）

監評人員簽名：		得分：	

美容丙級技術士技能檢定術科測試衛生技能實作評分表（三）

姓　　名	許婉玲	檢定編號	28

三、洗手與手部消毒操作測驗用卷（15分）（發給應檢人）

說明：1.由應檢人寫出在營業場所為顧客健康何時應洗手、何時應作手部消毒。

　　　2.勾選出將使用消毒試劑名稱及濃度，進行洗手操作並選用消毒試劑進行消毒（未能選用適當消毒試劑，手部消毒操作不予計分）。

測驗時間：4分鐘（書面作答2分鐘，洗手及消毒操作2分鐘）

一、為維護客戶健康請寫出在營業場所中洗手的時機為何？（至少二項，每項1分）（2分）

　　答：1. 接觸顧客皮膚之前

　　　　 2. 手髒的時候或吃東西之前或如廁後

二、進行洗手操作（8分）（本項為實際操作）

三、為維護顧客戶健康請寫出在營業場所手部何時做消毒？（述明一項即可）（2分）

　　答：發現顧客有皮膚傳染病時

四、勾選出一種正確手部消毒試劑試劑名稱及濃度（1分）

　　答：☑1.　75%酒精溶液　　　　　□2.　200ppm氯液

　　　　□3.　6%煤餾油酚肥皂溶液　□4.　0.1%陽性肥皂液

五、進行手部消毒操作（2分）（本項為實際操作）

監評人員簽名：	得分：

洗手的流程

 打開水龍頭，手部淋濕，關水龍頭。

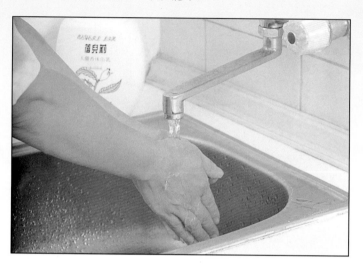

2 將少量沐浴乳擠壓至手中。

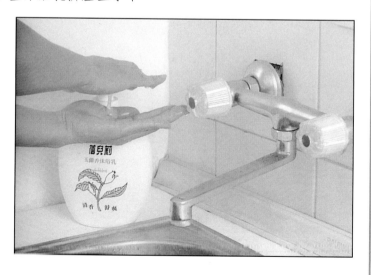

兩手手心、手指互相摩擦。

 兩手輪流揉搓手背及手指。

兩手輪流互搓手背及手背指頭。

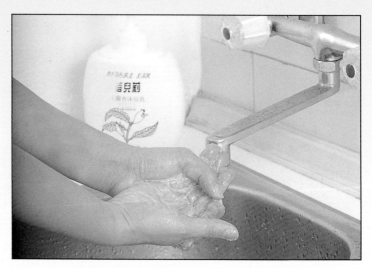

 兩手互扣，作拉手姿勢擦洗指尖；拿出刷子刷洗兩手的指甲縫。

打開水龍頭，沖洗刷子並歸回原處。

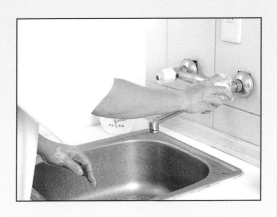

 在水龍頭下再次沖洗兩手的手心及手指間，輪流互洗手背及手指，輪流互搓手背及手背指頭，兩手互扣作拉手姿勢洗指尖。

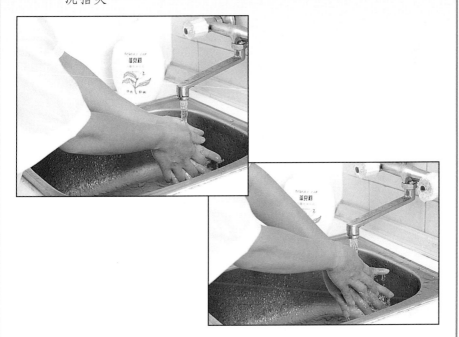

沖洗水龍頭（至少3次）。

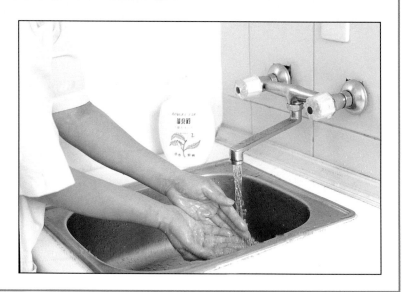 沖洗水槽四周，關掉水龍頭。

取紙張擦乾手部（不可有甩乾的動作）。

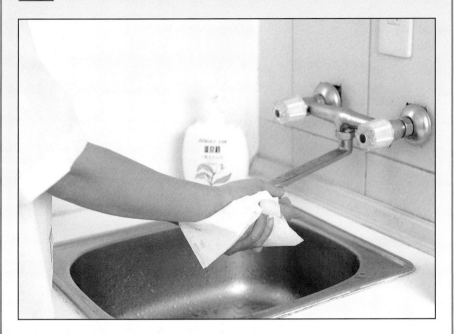

手部消毒的流程

 選用75%濃度酒精來操作手部消毒。

陽性肥皂液

氯液　酒精

煤鎦油酚

② 打開酒精消毒瓶蓋，用鑷子夾出2～3個棉球放在手心。放下鑷子，蓋住瓶蓋。

陽性肥皂液

氯液　酒精

煤鎦油酚

③ 用放在手心上的數顆酒精棉球消毒雙手的手背及手心（口述消毒後不必再用清水沖洗）。

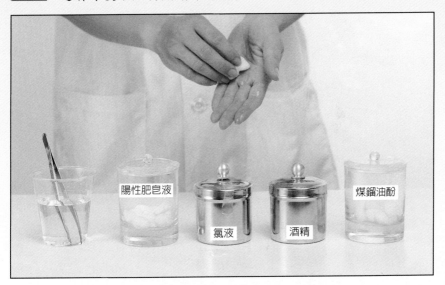

用面紙擦乾（不可甩乾）。

陽性肥皂液

氯液

酒精

煤鎦油酚

消毒液和消毒方法之辨識與操作要領

大小不同量杯、公杯及玻璃棒

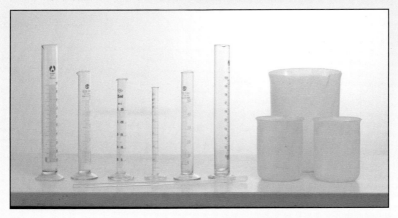

四種化學消毒原液

化學消毒法可分為：（1）氯液消毒法；（2）陽性肥皂液消毒法；（3）酒精消毒法；（4）煤餾油酚肥皂液消毒法。

物理消毒法可分為：（1）煮沸消毒法；（2）蒸氣消毒法；（3）紫外線消毒法。

◆煮沸消毒法

◆蒸氣消毒法

◆紫外線消毒法

注意事項

☆ 此項測驗包括化學消毒及物理消毒，應檢人員除了必須先做書面回答外，亦必須實際進行器材消毒的操作。

☆ 在書面上勾選出所有可適用的化學消毒方法。

消毒法與稀釋調配計算法的認識

☆化學消毒方法係指氯液消毒法、陽性肥皂液消毒法、煤餾油酚肥皂液消毒法、酒精消毒法。

☆消毒液名稱係指75％酒精溶液、200PPM氯液、6％煤餾油酚肥皂液、0.5％陽性肥皂液。

☆稀釋消毒液濃度係指含25％（甲苯酚）之煤餾油酚原液、10％苯基氯卡銨溶液、95％酒精、10％漂白水原液。

☆物理消毒方法係指：煮沸消毒法、蒸氣消毒法、紫外線消毒法。

☆消毒液稀釋調配計算公式如下：

原液量＝消毒藥水濃度÷原液濃度×總重量
蒸餾水量＝總重量－原液量

氯液消毒法

消毒劑濃度為氯液200PPM（百萬分之200）
原液濃度為10％漂白水
原液量＝百萬分之200÷10％×總重量
蒸餾水量＝總重量－原液量
或
原液量＝0.002×總重量
蒸餾水量＝總重量－原液量

陽性肥皂液消毒法

消毒劑濃度為0.5％陽性肥皂液

原液濃度為10％苯基氯卡銨溶液

原液量＝0.5％÷10％×總重量

蒸餾水量＝總重量－原液量

或

原液量＝0.05×總重量

蒸餾水量＝總重量－原液量

酒精消毒法

消毒劑濃度為75％酒精

原液濃度為95％酒精

原液量＝75％÷95％×總重量

蒸餾水量＝總重量－原液量

或

原液量＝0.79×總重量

蒸餾水量＝總重量－原液量

煤餾油酚肥皂溶液消毒法

消毒劑濃度為6％煤餾油酚

原液濃度為25％甲苯酚

原液量＝3％÷25％×總重量

蒸餾水量＝總重量－原液量

或

原液量＝0.12×總重量

蒸餾水量＝總重量－原液量

應檢流程須知

☆當應檢人員取得書面測驗卷時必須先將個人姓名、檢定編
號及器材抽選填妥，然後才開始進行填答。

☆當應檢人員抽出一種欲消毒的器材後，此時應檢人員必須
先填寫書面測驗卷，待書面測驗卷填答完成後即可開始進
行器材消毒的操作。

為了使妳能確實瞭解消毒方法之辨識與操作的方法，下列將
舉出四個不同的應考例子僅供參考：

例一

應檢人員抽到的消毒器材為毛巾且總重量為100C.C.時，其應
檢的程序如下：

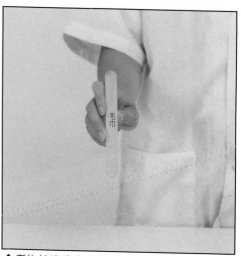

◆考生抽出應考的器材

（一）先將測驗用卷填寫完成

美容丙級技術士技能檢定術科測試衛生技能實作評分表（二）

器材名稱		姓名		檢定編號	

二、消毒液和消毒方法之辨識與操作測驗用卷（45分）（發給應檢人）

說明：試場備有各種不同的美髮器材及消毒設備，由應檢人當場抽出一種
器材並進行下列程序（若無適用之化學或物理消毒法，則不需進行
該項之實際操作）。

測驗時間：八分鐘

一、化學消毒：（25分）

（一）應檢人依抽籤器材寫出所有可適用之化學消毒方法有哪些？（未全
部答對扣15分，全部答對者進行下列操作）

答：□1.氯液消毒法　　□2.陽性肥皂液消毒法　　□3.酒精消毒法
□4.煤餾油酚肥皂溶液消毒法

（二）進行該項化學消毒操作〔由評鑑人員評分，配合評分表（一）〕（10
分）　　_____

分數：

二、物理消毒：（20分）

（一）請抽出一種消毒方法並選出適合該項消毒方法之器材（器材選錯扣
10分）（10分）

（二）應檢人依選出器材進行物理消毒操作〔由評鑑人員評分，配合評分
表（二）〕（10分）

分數：_____

監評人員簽名：		得分：	

辦理單位章戳：

美容丙級技術士技能檢定術科測試衛生技能實作評分表（二）

器材名稱	毛巾	姓名	許婉玲	檢定編號	28

二、消毒液和消毒方法之辨識與操作測驗用卷（45分）（發給應檢人）

　　說明：試場備有各種不同的美髮器材及消毒設備，由應檢人當場抽出一種
　　　　　器材並進行下列程序（若無適用之化學或物理消毒法，則不需進行
　　　　　該項之實際操作）。

　　測驗時間：八分鐘

一、化學消毒：（25分）

　　（一）應檢人依抽籤器材寫出所有可適用之化學消毒方法有哪些？（未全
　　　　　部答對扣15分，全部答對者進行下列操作）

　　　　　答：☑1.氯液消毒法　☑2.陽性肥皂液消毒法　□3.酒精消毒法
　　　　　　　□4.煤餾油酚肥皂溶液消毒法

　　（二）進行該項化學消毒操作〔由評鑑人員評分，配合評分表（一）〕（10
　　　　　分）

　　　　　分數：＿＿＿＿＿＿

二、物理消毒：（20分）

　　（一）請抽出一種消毒方法並選出適合該項消毒方法之器材（器材選錯扣
　　　　　10分）（10分）

　　　　　蒸氣消毒法——毛巾

　　（二）應檢人依選出器材進行物理消毒操作〔由評鑑人員評分，配合評分
　　　　　表（二）〕（10分）

　　　　　分數：＿＿＿＿＿＿

監評人員簽名：	得分：

辦理單位章戳：

（二）化學消毒操作程序

　　考生一邊口述一邊操作：

 先將器具清洗乾淨
——毛巾。

◆毛巾用清水沖洗乾淨

 完全浸泡在含0.1～
0.5%陽性肥皂液內。

時間20分鐘以上。

◆完全浸泡

再次用清水沖洗並瀝乾或烘乾。

◆瀝乾或烘乾

 然後放置在乾淨櫥櫃內。

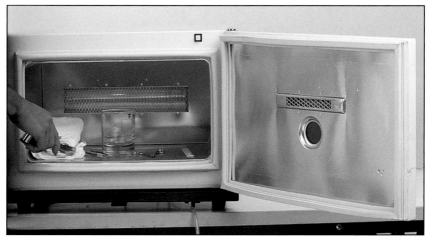

◆置於乾淨櫥櫃內

（五）物理消毒——蒸氣消毒法

　　消毒操作程序：考生一邊口述，一邊操作。

 先將器材（毛巾）清洗乾淨。

◆毛巾清洗乾淨

 毛巾摺成弓字型。

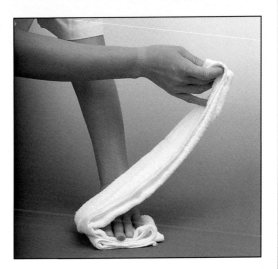
◆毛巾摺成弓字型（始）

◆毛巾摺成弓字型（末）

3 直立置入，切勿擁擠。

4 蒸氣箱內中心溫度須達80℃以上，消毒時間10分鐘以上。

5 暫存於蒸氣消毒箱內。

◆置於蒸氣消毒箱內

例二

　　應檢人員抽出的消毒器材為金屬類剪刀且總重量為200C.C.時，其應檢的程序如下：

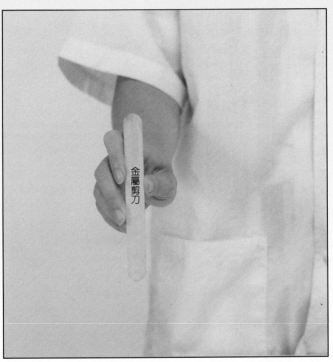

金屬剪刀

◆考生抽出應考的器材

器材名稱		姓名		檢定編號	

二、消毒液和消毒方法之辨識與操作測驗用卷（45分）（發給應檢人）

　　說明：試場備有各種不同的美髮器材及消毒設備，由應檢人當場抽出一種
　　　　　器材並進行下列程序（若無適用之化學或物理消毒法，則不須進行
　　　　　該項之實際操作）。

　　測驗時間：八分鐘

一、化學消毒：（25分）

　（一）應檢人依抽籤器材寫出所有可適用之化學消毒方法有哪些？（未全
　　　　部答對扣15分，全部答對者進行下列操作）

　　　答：□1.氯液消毒法　□2.陽性肥皂液消毒法　□3.酒精消毒法
　　　　　□4.煤餾油酚肥皂溶液消毒法

　（二）進行該項化學消毒操作（由評鑑人員評分，配合評分表1）（10分）
　　　　分數：＿＿＿＿＿＿

二、物理消毒：（20分）

　（一）請抽選出一種消毒方法並選出適合該項消毒方法之器材（器材選錯
　　　　扣10分）（10分）

　（二）應檢人依選出器材進行物理消毒操作（由評鑑人員評分，配合評分
　　　　表2）（10分）
　　　　分數：＿＿＿＿＿＿

監評人員簽名：　　　　　　　　　得分：

辦理單位章戳：

118

器材名稱	金屬剪刀	姓名	許婉玲	檢定編號	28

二、消毒液和消毒方法之辨識與操作測驗用卷（45分）（發給應檢人）

　　說明：試場備有各種不同的美髮器材及消毒設備，由應檢人當場抽出一種
　　　　　器材並進行下列程序（若無適用之化學或物理消毒法，則不須進行
　　　　　該項之實際操作）。

　　測驗時間：八分鐘

一、化學消毒：（25分）

　　（一）應檢人依抽鐵器材寫出所有可適用之化學消毒方法有哪些？（未全
　　　　　部答對扣15分，全部答對者進行下列操作）

　　　　　答：□1.氯液消毒法　□2.陽性肥皂液消毒法　☑3.酒精消毒法
　　　　　　　☑4.煤餾油酚肥皂溶液消毒法

　　（二）進行該項化學消毒操作（由評鑑人員評分，配合評分表1）（10分）

　　　　　分數：＿＿＿＿＿＿

二、物理消毒：（20分）

　　（一）請抽選出一種消毒方法並選出適合該項消毒方法之器材（器材選錯
　　　　　扣10分）（10分）

　　　　　紫外線消毒法——金屬剪刀

　　（二）應檢人依選出器材進行物理消毒操作（由評鑑人員評分，配合評分
　　　　　表2）（10分）

　　　　　分數：＿＿＿＿＿＿

監評人員簽名：	得分：

辦理單位章戳：

（二）化學消毒操作程序

消毒操作程序：考生一邊口述，一邊操作。

 先將器具清洗乾淨——金屬剪刀。

◆剪刀用清水沖洗

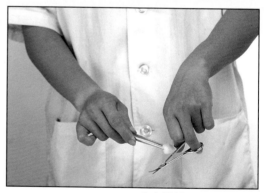 用酒精棉球擦拭數次。

◆金屬類——擦拭數次

 然後暫存於乾淨櫥櫃內。

（三）物理消毒：紫外線消毒法

　　消毒操作程序：考生一邊口述，一邊操作。

 先將器材清洗乾淨——
剪刀。

◆剪刀──清洗器材

 器材不可重疊，且刀剪類要打開或拆開。

 在光度強度85微瓦特
／平方公分以上，時
間20分鐘以上。

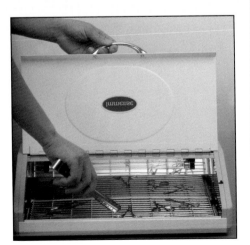

◆剪刀需剪開或拆開

暫存於紫外線消毒箱內。

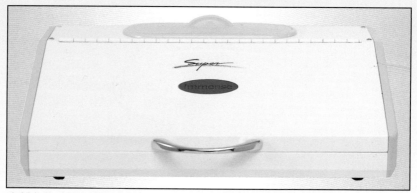

◆暫存紫外線消毒箱內

例三

　　應檢人員抽出的消毒器材為塑膠髮夾且總重量為100C.C.時，其應檢的程序如下：

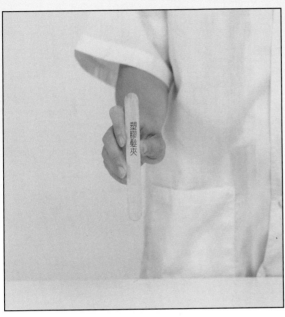

◆考生抽出塑膠髮夾

（一）先將測驗用卷填寫完成

器材名稱		姓名		檢定編號	

二、消毒液和消毒方法之辨識與操作測驗用卷（45分）（發給應檢人）

　　說明：試場備有各種不同的美髮器材及消毒設備，由應檢人當場抽出一種
　　　　　器材並進行下列程序（若無適用之化學或物理消毒法，則不須進行
　　　　　該項之實際操作）：

　　測驗時間：八分鐘

一、化學消毒：（25分）

　　（一）應檢人依抽籤器材寫出所有可適用之化學消毒方法有哪些？（未全
　　　　　部答對扣15分，全部答對者進行下列操作）

　　　　　答：□1.氯液消毒法　　□2.陽性肥皂液消毒法　　□3.酒精消毒法
　　　　　　　□4.煤餾油酚肥皂溶液消毒法

　　（二）進行該項化學消毒操作（由評鑑人員評分，配合評分表1）（10分）
　　　　　分數：＿＿＿＿＿＿＿＿

二、物理消毒：（20分）

　　（一）請抽選出一種消毒方法並選出適合該項消毒方法之器材（器材選錯
　　　　　扣10分）（10分）

　　（二）應檢人依選出器材進行物理消毒操作（由評鑑人員評分，配合評分
　　　　　表2）（10分）
　　　　　分數：＿＿＿＿＿＿＿＿

監評人員簽名：		得分：

辦理單位章戳：

器材名稱	塑膠髮夾	姓名	許婉玲	檢定編號	28

二、消毒液和消毒方法之辨識與操作測驗用卷（45分）（發給應檢人）

說明：試場備有各種不同的美髮器材及消毒設備，由應檢人當場抽出一種器材並進行下列程序（若無適用之化學或物理消毒法，則不須進行該項之實際操作）：

測驗時間：八分鐘

一、化學消毒：（25分）

（一）應檢人依抽籤器材寫出所有可適用之化學消毒方法有哪些？（未全部答對扣15分，全部答對者進行下列操作）

答：☑1.氯液消毒法　☑2.陽性肥皂液消毒法　☑3.酒精消毒法　☑4.煤餾油酚肥皂溶液消毒法

（二）進行該項化學消毒操作（由評鑑人員評分，配合評分表1）（10分）

分數：＿＿＿＿＿＿＿＿

二、物理消毒：（20分）

（一）請抽選出一種消毒方法並選出適合該項消毒方法之器材（器材選錯扣10分）（10分）

無適用的物理消毒法

（二）應檢人依選出器材進行物理消毒操作（由評鑑人員評分，配合評分表2）（10分）

分數：＿＿＿＿＿＿＿＿

監評人員簽名：　　　　　　　　　　　得分：

辦理單位章戳：

（二）化學消毒操作程序

考生一邊口述一邊操作程序。

1 先將器具清洗乾淨──塑膠髮夾。

2 完全浸泡在 6% 煤餾油酚肥皂液內。

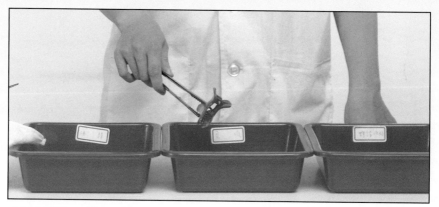

◆完全浸泡，時間10分鐘

3 時間10分鐘以上。

4 再次用清水沖洗並瀝乾或烘乾。

◆瀝乾或烘乾

放置在乾淨櫥櫃內。

◆置於乾淨櫥櫃內

（三）物理消毒

　　因無適用的物理消毒法，所以不需進行此項消毒操作。

例四

　　應檢人員抽出的消毒器材為塑膠挖杓且總重量為500C.C時，
其應檢的程序如下：

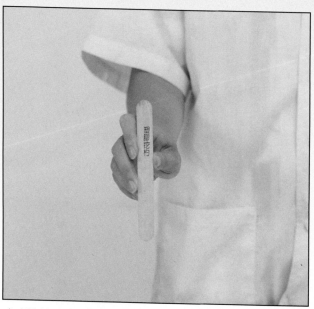

◆考生抽出應考的器材

（一）先將測驗用卷填寫完成

器材名稱		姓名		檢定編號	

二、消毒液和消毒方法之辨識與操作測驗用卷（45分）（發給應檢人）

說明：試場備有各種不同的美髮器材及消毒設備，由應檢人當場抽出一種
　　　器材並進行下列程序（若無適用之化學或物理消毒法，則不須進行
　　　該項之實際操作）。

測驗時間：八分鐘

一、化學消毒：（25分）

（一）應檢人依抽籤器材寫出所有可適用之化學消毒方法有哪些？（未全
　　　部答對扣15分．全部答對者進行下列操作）

答：□1.氯液消毒法　□2.陽性肥皂液消毒法　□3.酒精消毒法
　　□4.煤鎦油酚肥皂溶液消毒法

（二）進行該項化學消毒操作（由評鑑人員評分，配合評分表1）（10分）

分數：＿＿＿＿＿＿＿＿

二、物理消毒：（20分）

（一）請抽選出一種消毒方法並選出適合該項消毒方法之器材（器材選錯
　　　扣10分）（10分）

（二）應檢人依選出器材進行物理消毒操作（由評鑑人員評分，配合評分
　　　表2）（10分）

分數：＿＿＿＿＿＿＿＿

監評人員簽名：	得分：

辦理單位章戳：

器材抽選	塑膠挖杓	姓名	許婉玲	檢定編號	28

二、消毒液和消毒方法之辨識與操作測驗用卷（45分）（發給應檢人）

    說明：試場備有各種不同的美髮器材及消毒設備，由應檢人當場抽出一種

           器材並進行下列程序（若無適用之化學或物理消毒法，則不須進行

           該項之實際操作）：

    測驗時間：8分鐘

一、化學消毒：（25分）

    （一）應檢人依抽籤器材寫出所有可適用之化學消毒方法有哪些？（未全

        部答對扣15分，全部答對者進行下列操作）

        答：☑1.氯液消毒法   ☑2.陽性肥皂液消毒法   ☑3.酒精消毒法

           ☑4.煤餾油酚肥皂溶液消毒法

    （二）進行該項化學消毒操作（由評鑑人員評分，配合評分表1）（10分）

        分數：＿＿＿＿＿＿＿＿

二、物理消毒：（20分）

    （一）請抽選出一種消毒方法並選出適合該項消毒方法之器材（器材選錯

        扣10分）（10分）

        無適用的物理消毒法

    （二）應檢人依選出器材進行物理消毒操作（由評鑑人員評分，配合評分

        表2）（10分）

        分數：＿＿＿＿＿＿＿＿

監評人員簽名：   得分：

辦理單位章戳：

（二）化學消毒操作程序

　　考生一邊口述一邊操作。

 　先將器具清洗乾淨──塑膠挖杓。

◆用清水沖洗──塑膠挖棒

完全浸泡在餘氯量200PPM以上。

◆完全浸泡在 200PPM氯液內

③ 時間2分鐘以上。

④ 再次用水清洗乾淨。

◆用鑷子夾住清洗

瀝乾或烘乾後再放置在乾淨的櫥櫃內。

◆瀝乾籃瀝乾或烘乾，放置
在乾淨櫥櫃內

（三）物理消毒

因無適用的物理消毒法，所以不需進行此項消毒操作。

美容丙級技術士技能檢定術科測試應檢參考資料

試題編號：一〇〇〇〇－九二〇三〇一

目錄

壹、美容丙級技術士技能檢定術科測試實施要點

一、試題範圍：參照行政院勞工委員會中部辦公室編印「美容技能檢定規範（一〇〇〇〇）」命題。

二、試題公開：術科測試分美容技能實作測試和衛生技能實作測試。試題採「試題公開」方式，由行政院勞工委員會中部辦公室公布於網站提供瀏覽及下載，各術科測試主辦單位於測試前寄發給監評人員和應檢人。

三、測試時間：每場測試以美容技能測試3小時、衛生技能測試1小時；共計4小時為原則。

四、評分標準：美容技能和衛生技能，其總評均各以得分總計60分以上（含60分）者為合格，若其中任何一項不及格，則術科測試總評為不及格。術科測試總評合格者，得向主管機關申請製發「美容丙級技術士證」。

五、測試所需器材及設備：應檢人自備器材，由辦理單位提前通知應檢人，設備即由辦理單位準備。

六、測試場地：由辦理單位決定場地大小及設備，以能容納一場測試48名應檢人為原則。

七、測試日期：由主管機關、主辦單位及辦理單位協商決定。

八、測試之實施：由主管機關經主辦單位委託辦理單位辦理，並委請符合本職類資格之監評人員協助實施。

九、測試經費：依主管機關所訂費用標準辦理。

貳、美容丙級技術士技能檢定術科測驗試試場、項目及時間表

每場48人　　　　　　　　　　　　　　時間共約4小時

分四個試場進行

第一試場

一般粧及宴會粧
每場：12人（監評人員3名） 時間：120分鐘

第二試場

一般粧及宴會粧
每場：12人（監評人員3名） 時間：120分鐘

第三試場

專業護膚
每場：12人（監評人員6名） 時間：55分鐘

第四試場

衛生技能實作

第一站	第二站	第三站
化粧品安全衛生之辨識 （監評人員1名） 時間：4分鐘	消毒液與消毒方法之辨識及操作 （監評人員5名） 時間：10分鐘	洗手與手部消毒操作 （監評人員1名） 時間：4分鐘

應檢人待考區　　每場：12人（監評人員7名）

（一）美容監評人員：13名（含評審長1名）

　　　化粧技能：以12位應檢人為一組，每組應置監評人員3名。

　　　護膚技能：以6位應檢人為一組，每組應置監評人員3名。

（二）衛生監評人員：5名

（三）遴聘監評人員依下表辦理：

類別	試場	應檢人數	應檢人分組	監評人數		
				監評長	監評人員	合計
美容技能	第一、二試場	0-24人	12人	1人	3人	7人
	第三試場		6人		3人	
衛生技能	第四試場		6人	1人	3人	4人
美容技能	第一、二試場	25-48人	12人、12人	1人	6人(3人×2人)	13人
	第三試場		6人、6人		6人(3人×2人)	
衛生技能	第四試場		12人	1人	4人	5人
美容技能	第一、二試場	49-96人	24人、24人	1人	12人	22人
	第三試場		24人		9人	
衛生技能	第四試場		24人	1人	5人	6人

參、美容丙級技術士技能檢定術科測試試題使用說明

一、本試題分美容技能實作和衛生技能實作，採公開試題公告於主管機關網站提供瀏覽，由各術科測試辦理單位寄交應檢人。

二、美容技能實作測試分化粧技能和護膚技能兩類。

（一）化妝技能：共分二項

	測驗項目	試題數	時間
一	宴會粧	2題	50分鐘
二	一般粧	2題	30分鐘

1.應檢人須做完每一項測驗。

2.在第一、二測驗項目開始測驗時，由監評人員負責指定應檢人代表公開自二題中抽出一題實施測驗，並作成紀錄。

（二）護膚技能：共分四項，每一應檢人均須做完每一項。

	測驗項目	時間
一	工作前準備（含卸粧、清潔及填寫顧客皮膚資料卡）	10分鐘
二	臉部保養手技（含按摩霜之塗抹及清除）	20分鐘
三	蒸臉	10分鐘
四	敷面及善後工作	15分鐘

三、衛生技能實作測驗計有三項，每一應檢人均須做完每一項。

	測驗項目	試題數
一	化粧品安全衛生之辨識	每一應檢人，抽取一張題卡作答。
二	消毒液與消毒方法之辨識及操作	1題
三	洗手與手部消毒操作	1題

四、化粧技能實作測驗時間約二小時（包括評分時間），護膚技能實作測驗時間及衛生技能實作測驗時間各約一小時，合計共約四小時。

肆、美容丙級技術士技能檢定術科測試試場及時間分配表

一、本表以術科測試應檢人48名為標準而定。

二、術科測試設四個試場，第一、二試場進行化粧技能實作測試，第三試場進行護膚技能實作測試，第四試場進行衛生技能實作測試。

三、各項測試實作時間如下：

   （一）化粧技能測試：約120分（宴會粧50分鐘、一般粧30分鐘）。

   （二）護膚技能測試：約55分鐘。

   （三）衛生技能測試：約18分鐘。

四、應檢人就組別和測試號碼依序參加測試，各試場測試項目、時間分配、應檢人組別及測試號碼如下：

組別／時間＼試場	第一試場	第二試場	第三試場	第四試場
	化粧技能		護膚技能	衛生技能
8:00~9:00	A組（1～12）	B組（13～24）	C組（25~36）	D組（37~48）
9:00~10:00			D組（37~48）	C組（25~36）
10:00~11:00	C組（25～36）	D組（37～48）	A組（1~12）	B組（13~24）
11:00~12:00			B組（13～24）	A組（1~12）

伍、美容丙級技術士技能檢定術科測試實作流程圖

第一試場

一般粧及宴會粧測試流程圖

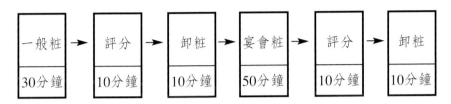

1.實作時間：含評分、卸粧約120分鐘。

2.宴會粧及一般粧監評人員：3名。

3.服務工作人員：3名。

第二試場

一般粧及宴會粧測試流程圖

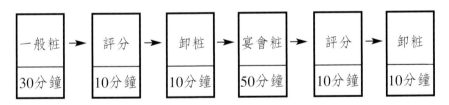

1.實作時間：含評分、卸粧約120分鐘。

2.宴會粧及一般粧監評人員：3名。

3.服務工作人員：3名。

第三試場
護膚測試流程圖

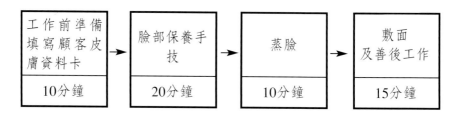

工作前準備填寫顧客皮膚資料卡	臉部保養手技	蒸臉	敷面及善後工作
10分鐘	20分鐘	10分鐘	15分鐘

1.實作時間：約55分鐘。

2.護膚實作監評人員：6名。

3.服務工作人員：3名。

第四試場
衛生技能測試流程圖

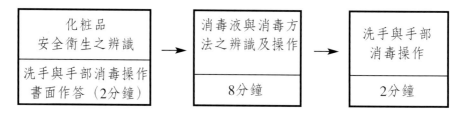

化粧品安全衛生之辨識 洗手與手部消毒操作書面作答（2分鐘）	消毒液與消毒方法之辨識及操作 8分鐘	洗手與手部消毒操作 2分鐘

1.實作時間：三項合計約16分鐘。

2.監評人員：5名。

3.服務工作人員：3名。

144

陸、美容丙級技術士技能檢定術科測試應檢人須知

一、術科測試應檢人應於測試前30分鐘辦妥報到手續。

　　（一）攜帶身分證、准考證及術科測試通知單（測試通知單需填寫模特兒姓名及身分證字號）。

　　（二）模特兒檢查。

　　（三）領取術科測試號碼牌（號碼牌應於當天測試完畢離開試場時交回）。

二、應檢人應自備女性模特兒一名，於報到及測試時接受檢查，其條件為：

　　（一）年滿15歲以上，應帶身分證。

　　（二）不得紋眼線、紋眉、紋唇（違反者，化粧站各該單項分數不計分外，整體感亦不予計分。如：紋眉者，其化粧站之眉型及整體感均不予計分）。

　　（三）以素面應檢。

三、應檢人所帶模特兒須符合上列三項條件並通過檢查。

四、應檢人服裝儀容應整齊，穿著符合規定的工作服，配戴術科測試號碼牌；長髮應梳理整潔並紮妥；不得配戴會干擾美容工作進行的珠寶及飾物。

五、應檢人不得攜帶規定（如應檢人自備器材表）以外的器材入場，否則相關項目的成績不予計分。

六、應檢人所帶化粧品及保養品均應合法，並有明確標示，否則相關項目的成績予以扣分。

七、各試場測試項目及時間分配詳見「術科測試試場及時間分配表」，應檢人依組別和測試號碼就檢定崗位依序參加測試，同時應檢查檢定單位提供之設備機具、材料，如有不符，應即告知監評人員處理。

八、術科測試分四個試場進行：第一、二試場為化粧技能測試；第三試場為專業護膚技能測試；第四試場為衛生技能測試。各試場的測試流程及實作時間詳見該「術科測試實作流程圖」。

九、美容技能實作測試試題抽籤：

宴會粧、一般粧：測試前由負責監評人員公開徵求一應檢人抽取一個試題，以現場抽出的試題進行測試。

十、衛生技能實作測試：共有三項，包括：

（一）化粧品安全衛生之辨識。

（二）消毒液與消毒方法之辨識及操作。

（三）洗手與手部消毒操作。

十一、各測試項目應於規定時間內完成，並依照監評人員口令進行，各單項測試不符合主題者，不予計分。

十二、術科測試成績計算方法如下：

（一）美容技能：

1.分化粧技能和護膚技能兩類，測試項目、評分項目及配分，詳見「美容技能評分表及評審說明」。

2.化粧技能由該組監評人員就一般粧、宴會粧分別監評。

3.護膚技能實作：由該組全體監評人員進行監評。

4.每項測試成績，以該項配分為滿分，並以監評該項實作測試的全體監評人員評分，經加總後之平均分數為該項測試成績。

5.化粧技能和護膚技能實作成績各以100分為滿分；兩類成績總和除以二即為美容技能成績，總評60分（含）以上者為美容技能及格。

（二）衛生技能：共有三項測試，總分100分，衛生技能成績

60分以上者為衛生技能及格，未滿60分者，即為衛生技能不及格。

（三）美容技能及衛生技能兩項測試成績均及格者才算術科測試總評及格，若其中任何一項不合格，即術科測試總評為不及格。

十三、應檢人若有疑問，應在規定時間內就地舉手，待監評人員到達面前始得發問，不可在場內任意走動、高聲談論。

十四、測試過程中，模特兒不得給應檢人任何提醒或協助，否則立即取消應檢資格。

十五、化粧試場評分時，模特兒的化粧髮帶和圍巾不得卸除。

十六、應檢人及模特兒，於測試中因故要離開試場時，須經負責監評人員核准，並派員陪同始可離開，時間不得超過10分鐘，並不另加給時間。

十七、各試場依術科測試「試場及時間分配表」之規定進行檢定，檢定時間開始15分鐘後，即不准進場，除第一站應檢人於15分鐘內得准入場外，其餘各站應檢人均應準時入場應檢。

十八、應檢人對外緊急通信，須填寫辦理單位製作的通信卡，經負責監評人員核准方可為之。

十九、應檢人對於機具操作應注意安全，如發生意外傷害，應自負一切責任。

二十、測試時間開始或停止，須依照口令進行，不得自行提前或延後。

廿一、應檢人除遵守本須知所訂事項以外，應隨時注意辦理單位或監評人員臨時通知的事宜。

柒、美容丙級技術士技能檢定術科測試應檢人自備工具表

項次	工具名稱	規格尺寸	單位	數量	備　　註
1	毛巾	約30cm×80cm	條	5	白色一條（敷臉後擦拭用），其餘四條為淺素色（用於頭、胸、肩頸、腳）
2	浴巾	約90cm×200cm	條	2	素面淺色（亦可備罩單、蓋被）
3	美容衣		件	1	素色
4	化粧髮帶		條	1	
5	圍巾（白色）	大型	條	1	化粧用
6	棉花棒		支		酌量
7	化粧棉		張		酌量
8	面紙		張		酌量
9	挖杓		支	數	
10	裝酒精棉容器／酒精棉片	需有蓋子	個	1	內附數顆酒精棉球
11	待消毒物品袋		個	3	容量大小必須可置入全部待消毒物品。
12	垃圾袋	30cm×20cm以上	個	3	
13	合法化粧品				(1)保養製品(2)化粧製品(3)用具。
14	美甲用具		組	1	去光水、指甲油等。
15	假睫毛				睫毛膠、剪刀、睫毛夾等。
16	鑷子		支	1	夾棉球用
17	口罩		個	1	
18	不透明敷面劑				
19	工作服		件	1	白色
20	原子筆		支	1	
21	其他相關之用具				以上所列物品，可依個人習慣酌情增減。

※備註：毛巾類亦可選用拋棄型產品替代。

捌、美容丙級技術士技能檢定術科測試美容技能實作試題

本實作試題分化粧技能和護膚技能兩類：

測試項目：化粧技能一般粧：外出郊遊粧（第一小題）

測試時間：30分鐘

說　　明：1.表現健康、淡雅的外出郊遊化粧。

　　　　　2.配合自然光線的色彩化粧。

　　　　　3.表現輕鬆舒適的休閒化粧。

　　　　　4.不須裝戴假睫毛，但須刷睫毛膏。

　　　　　5.化粧程序不拘，但完成之臉部化粧須乾淨、色彩調和。

　　　　　6.配合模特兒個人特色（個性、外型、年齡……）做適切的化粧。

　　　　　7.整體表現必須切題。

注意事項：1.模特兒以素面應檢。

　　　　　2.模特兒化粧髮帶、圍巾應於檢定前處理妥當。

　　　　　3.本項測試自基礎保養開始。

　　　　　4.粉底應配合膚色，厚薄適中且均勻而無分界線。

　　　　　5.取用蜜粉時，能兼顧衛生之需求，將蜜粉倒出使用。

　　　　　6.取用唇膏、粉條時，應以挖杓取用。

　　　　　7.本項依評分表所列項目採得分法計分，應檢時間內除基礎保養外，一項未完成者除該項不計分外，整體感亦不計分。

　　　　　8.於規定時間內未完成項目超過兩項以上（含兩項）者，一般粧完全不予計分。

　　　　　9.模特兒如有紋眼線、紋眉、紋唇者，除各該單項不計分外，整體感亦不予計分。如紋眉者，本測試項目之眉型及整體感均不予計分。

美容丙級技術士技能檢定術科測試美容技能實作

測試項目：化粧技能一般粧：職業婦女粧（第二小題）

測試時間：30分鐘

說　　明：1.表現自然、柔和、淡雅公司員工上班時的化粧。

2.配合上班場所人工照明的色彩化粧。

3.表現知性、幹練、大方、高雅的職業女性化粧。

4.不須裝戴假睫毛，但須刷睫毛膏。

5.化粧程序不拘，但完成之臉部化粧須乾淨、色彩調和。

6.配合模特兒個人特色（個性、外型、年齡……）做適切的化粧。

7.整體表現必須切題。

注意事項：1.模特兒臉部以素面應檢。

2.模特兒化粧髮帶、圍巾應於檢定前處理妥當。

3.本項測試自基礎保養開始。

4.粉底應配合膚色，厚薄適中且均勻而無分界線。

5.取用蜜粉時，能兼顧衛生之需求，將蜜粉倒出使用。

6.取用唇膏、粉條時，應以挖杓取用。

7.本項依評分表所列項目採得分法計分，應檢時間內除基礎保養外，一項未完成者除該項不計分外，整體感亦不計分。

8.於規定時間內未完成項目超過兩項以上（含兩項）者，一般粧完全不予計分。

9.模特兒如有紋眼線、紋眉、紋唇者，除各該單項不計分外，整體感亦不予計分。如紋眉者，本測試項目之眉型及整體感均不予計分。

美容丙級技術士技能檢定術科測試美容技能試題

測試項目：化粧技能宴會粧：日間宴會粧（第一小題）

測試時間：50分鐘

說　　明：1.正式日間宴會化粧。

2.配合日間宴會場所燈光的色彩化粧。

3.須表現出明亮、高貴感。

4.眉型修飾應配合臉型。

5.裝戴適合之假睫毛。

6.美化指甲色彩須與化粧色系配合。

7.化粧程序不拘，但完成之臉部化粧須乾淨、色彩調和。

8.配合模特兒個人特色（個性、外型、年齡……）做適切的化粧。

9.整體表現必須切題。

注意事項：1.模特兒以素面應檢。

2.模特兒化粧髮帶、圍巾應於檢定前處理妥當。

3.本項測試自基礎保養開始。

4.粉底應配合膚色，厚薄適中且均勻而無分界線。

5.取用蜜粉時，能兼顧衛生之需求，將蜜粉倒出使用。

6.取用唇膏、粉條時，應以挖杓取用。

7.模特兒指甲於應檢前修整完畢，現場只進行指甲油塗抹技巧。指甲油色彩與化粧須協調。

8.本項依評分表所列項目採得分法計分，應檢時間內除基礎保養、修眉外，一項未完成者除該項不計分外，整體感亦不計分。

9.於規定時間內未完成項目超過兩項以上（含兩項）者，宴會粧完全不予計分。

10.模特兒如有紋眼線、紋眉、紋唇者，除各該單項不計分外，整體感亦不予計分。如紋眉者，本測試項目之眉型及整體感均不予計分。

美容丙級技術士技能檢定術科測試美容技能試題

測試項目：化粧技能宴會粧：晚間宴會粧（第二小題）

測試時間：50分鐘

說　　明：1.正式晚間宴會化粧。

2.配合晚間宴會場所燈光的色彩化粧。

3.須表現出明亮、艷麗感。

4.眉型修飾應配合臉型。

5.裝戴適合之假睫毛。

6.美化指甲色彩須與化粧色系配合。

7.化粧程序不拘，但完成之臉部化粧須乾淨、色彩調和。

8.配合模特兒個人特色（個性、外型、年齡……）做適切的化粧。

9整體表現必須切題。

注意事項：1.模特兒以素面應檢。

2.模特兒化粧髮帶、圍巾應於檢定前處理妥當。

3.本項測試自基礎保養開始。

4.粉底應配合膚色，厚薄適中且均勻而無分界線。

5.取用蜜粉時，能兼顧衛生之需求，將蜜粉倒出使用。

6.取用唇膏、粉條時，應以挖杓取用。

7.模特兒指甲於應檢前修整完畢，現場只進行指甲油塗抹技巧。指甲油色彩與化粧須協調。

8.本項評分依評分表所列項目採得分法計分，應檢時間內除基礎保養、修眉外，一項未完成者除該項不計分外，整體感亦不計分。

9.於規定時間內未完成項目超過兩項以上（含兩項）者，宴會粧完全不予計分。

10.模特兒如有紋眼線、紋眉、紋唇者，除各該單項不計分外，整體感亦不予計分。如紋眉者，本測試項目之眉型及整體感均不予計分。

美容丙級技術士技能檢定術科測試美容技能試題

測試項目：護膚技能

測試時間：55分鐘

說明：檢定流程分四階段進行，依序評分。

第一階段：工作前準備（10分鐘）

1.美容椅上應有清潔之罩單或浴巾使顧客之皮膚不直接接觸美容椅。

2.美容椅使用前應確認其可正常使用。

3.應檢人應戴口罩，遮住口、鼻。

4.應檢人應確認顧客在美容椅上躺臥之舒適及安全後，再加上蓋被或浴巾。

5.模特兒之頭髮、肩、頸、前胸等均應有毛巾、美容衣之妥善保護，應避免使之與美容椅直接接觸。

6.模特兒的雙腳應有適當之保護，以達保暖及衛生之要求。

例如：以毛巾覆蓋足部，用後隨即更換。

7.正確、詳實填寫顧客皮膚資料卡。

8.模特兒皮膚清潔要點：

(1)在清潔臉部前，應先去除眼部、唇部之化粧。

(2)足量的清潔用品應均勻地塗佈在臉部、頸部，加以施用。

(3)清潔用品面紙拭淨後，不一定要用水清洗，可用化粧棉沾化粧水再次擦拭。

第二階段：臉部保養手技（20分鐘）

1.足量的按摩霜應均勻地塗佈在要施行保養的部位。

2.應檢人應展示臉部、頸部、耳朵之保養手技（請參閱臉部保養手技示範參考圖）。

3.臉部保養各部位手技需做到三分鐘，以便評審人員
評分（保養部位及時間，必須依據口令施行）。

4.在臉部保養過程中，應檢人可運用下列保養技巧：

(1)輕撫。

(2)輕度摩擦。

(3)深層摩擦。

(4)輕拍。

(5)振動。

5.手技動作應熟練，且配合顏面肌肉紋理施行。

6.手技進行時手部力量、速度需適切，壓點部位要明
顯，壓力不可過度。

7.手技步驟完成後，按摩霜必須以面紙徹底去除。

第三階段：蒸臉（10分鐘）

1.蒸臉器使用步驟：

(1)檢視水量，必要時添加所需量之蒸餾水。

(2)插上插頭，打開開關。

(3)以護目濕棉墊保護顧客之雙眼。

(4)待蒸氣噴出後，打開臭氧燈。

(5)確認蒸氣噴出正常（以一張面紙測知）。

(6)將噴嘴對準顧客臉部，距離約40公分。

(7)蒸臉完畢，將蒸臉器噴嘴轉向模特兒腳部的方
向，關閉開關。

(8)取下顧客眼墊。

(9)拔下插頭，並將電線收妥以免絆倒他人。

(10)將蒸臉器推至不妨礙工作處。

第四階段：敷面及善後工作（15分鐘）

    1.將敷面劑均勻塗在顧客臉部及頸部，並在口、鼻孔及眼眶部位留白不塗。

    2.塗好後應檢人舉手示意，經三位評審檢視認可後，不須等候立即以熱毛巾徹底清除。

    3.熱毛巾擦拭部位先後不拘，但須注意擦拭的方向，同時要顧及對模特兒的安全衛生。

    4.正確做好基礎保養。

    5.確實做好善後工作。

注意事項：1.應檢人應仔細閱讀「應檢人自備工具表」並備妥一切應檢必須用品。

    2.模特兒須於護膚技能檢定開始前換妥美容衣，並自行取下珠寶、飾物等。

    3.應檢人操作護膚技能時，應注意坐姿背脊伸直，上半身不可太靠向模特兒，須保持約10公分距離。

    4.應注意電源及蒸臉器的用電安全。

    5.白毛巾須於應檢開始前放進蒸氣消毒箱中加熱備用。

    6.包頭巾不可覆蓋額頭，以致妨礙臉部之清潔或按摩動作之施行，如果包頭巾是紙製品，則應在使用過後立即丟棄以維衛生。

    7.美容衣必須不干擾美容從業人員對顧客頸部的清潔及保養動作之施行，美容衣應以舒適、方便並不纏住顧客之身體為要。

    8.臉部保養中若有指壓夾雜，指壓之力道應適切有效但不過度，在眼袋及眼眶周圍施行保養時，應特別小心留意。

9.使用化粧水時，勿使化粧水誤入顧客眼睛。含酒精化粧水不宜使用在眼眶周圍。

10.應檢完所有物品應歸回原位妥善收好，並恢復檢定場地之整潔。

11.無法重覆使用之面紙、化粧棉、紙巾等應立即丟棄，以維衛生，可重覆使用之器具應置入「待消毒物品袋」中，待有空時再一併予以適當之清潔與消毒處理。

玖、美容丙級技術士技能檢定術科測試美容技能顧客皮膚資料卡

顧客皮膚資料卡（發給應檢人）

檢定編號：_____　　監評長簽章：_____

顧客姓名		建卡日期	年 月 日
出生日期			
住　　址			
電　　話			
皮膚類型			
皮膚狀況			
本　　次護膚記錄			

註：1.本資料卡中皮膚類型、皮膚狀況，請視當場模特兒皮膚據實正確填寫。
　　2.本次護膚記錄，即為「專業護膚」。

監評員簽章：　　　　　　　　　　分數：

辦理單位戳章：

拾、美容丙級技術士技能檢定術科測驗美容技能評分表

（一）化粧技能：一般粧評分表

<table>
<tr><td rowspan="2" colspan="2">檢定項目：一般粧：試題（二）外出郊遊粧（二）職業婦女（公司員工）粧（時間：30分鐘）40%</td><td>檢定單位</td><td colspan="2">檢定日期　　年　　月　　日</td><td>組別 編號</td></tr>
<tr><td>監評長簽名</td><td colspan="2">監評人員簽章</td><td>姓名</td></tr>
<tr><td colspan="3">評　　　　分　　　　內　　　　容</td><td>配分</td><td></td></tr>
<tr><td rowspan="9">一、技能部分</td><td colspan="2">1.基礎保養：(1)化粧水；(2)乳液或面霜之使用。</td><td>2</td><td></td></tr>
<tr><td colspan="2">2.粉底：(1)均勻；(2)自然、無分界線。</td><td>4</td><td></td></tr>
<tr><td colspan="2">3.眉型：(1)眉色；(2)形狀、對稱。</td><td>4</td><td></td></tr>
<tr><td colspan="2">4.眼影：(1)色彩；(2)漸層自然；(3)修飾、對稱。</td><td>3</td><td></td></tr>
<tr><td colspan="2">5.眼線：(1)線條順暢；(2)眼型修飾。</td><td>2</td><td></td></tr>
<tr><td colspan="2">6.睫毛膏：(1)適量；(2)勻稱度。</td><td>2</td><td></td></tr>
<tr><td colspan="2">7.腮紅：(1)色彩；(2)均勻自然；(3)修飾、對稱。</td><td>3</td><td></td></tr>
<tr><td colspan="2">8.唇膏：(1)色彩；(2)均勻自然；(3)修飾、對稱。</td><td>3</td><td></td></tr>
<tr><td colspan="2">9.整體感：(1)切合主題；(2)色彩搭配；(3)潔淨；(4)協調。</td><td>8</td><td></td></tr>
<tr><td rowspan="4">二、工作態度</td><td colspan="2">1.操作過程：正確使用化粧品及工具。</td><td>1</td><td></td></tr>
<tr><td colspan="2">2.姿勢儀態：(1)姿勢正確；(2)儀態整潔適度。</td><td>1</td><td></td></tr>
<tr><td colspan="2">3.動作熟練度：動作輕巧、熟練。</td><td>1</td><td></td></tr>
<tr><td colspan="2">4.對顧客的尊重與保護。</td><td>1</td><td></td></tr>
<tr><td rowspan="5">三、衛生行為</td><td colspan="2">1.使用過程中工具清潔，擺放整齊。</td><td>1</td><td></td></tr>
<tr><td colspan="2">2.工作前清潔雙手／戴口罩。</td><td>1</td><td></td></tr>
<tr><td colspan="2">3.筆狀色彩化粧品，使用「前、後」以酒精棉球消毒。</td><td>1</td><td></td></tr>
<tr><td colspan="2">4.自備的化粧品符合規定。</td><td>1</td><td></td></tr>
<tr><td colspan="2">5.可重複使用之器具用畢後立即放入待消毒物品袋。</td><td>1</td><td></td></tr>
<tr><td colspan="3">一般粧得分合計</td><td>40</td><td></td></tr>
<tr><td rowspan="3">備註</td><td colspan="4">1.未在時間內完成技能部分2～8項中之任一項者，除該項不計分外，(9)整體感亦不計分。</td></tr>
<tr><td colspan="4">2.未完成項目超過兩項以上（含兩項）者，一般粧完全不予計分。</td></tr>
<tr><td colspan="4">3.模特兒如有紋眉、紋眼線、紋唇者，除各該單項不計分外，整體感亦不予計分。</td></tr>
</table>

（二）化粧技能：宴會粧評分表

檢定項目：宴會粧：試題（一）日間宴會粧（二）晚間宴會粧（時間：50分鐘）60%		檢定單位		檢定日期　　年　月　日		編號		
		監評長簽章		監評員簽章		姓名		
		評　　　分　　　內　　　容			配分			
	一、技能部分	1.基礎保養：(1)化粧水；(2)乳液或面霜。			2			
		2.粉底：(1)均勻；(2)自然；(3)無分界線。			6			
		3.眉型：(1)眉色；(2)形狀、對稱。			4			
		4.眼線：(1)眼型修飾；(2)線條順暢。			4			
		5.眼影：(1)色彩；(2)漸層自然；(3)修飾、對稱。			6			
		6.鼻影（立體自然）			2			
		7.假睫毛：(1)選用；(2)修剪；(3)裝戴。			3			
		8.腮紅：(1)色彩、均勻自然；(2)修飾、對稱。			4			
		9.唇膏：(1)色彩、均勻自然；(2)修飾、對稱。			4			
		10.指甲美化：(1)色彩；(2)塗抹技巧。			4			
		11.整體感：(1)切合主題；(2)色彩搭配；(3)潔淨；(4)協調。			12			
	二、工作態度	1.操作過程：正確使用化粧品及工具。			1			
		2.姿勢儀態：(1)姿勢正確；(2)儀態整潔適度。			1			
		3.動作熟練度：動作輕巧、熟練。			1			
		4.對顧客的尊重與保護。			1			
	三、衛生行為	1.使用過程中工具清潔，擺放整齊。			1			
		2.工作前清潔雙手／戴口罩。			1			
		3.筆狀色彩化粧品，使用「前、後」以酒精棉球消毒。			1			
		4.自備的化粧品符合規定。			1			
		5.可重複使用之器具，用畢後立即置入待消毒物品袋。			1			
		宴會粧得分合計			60			
	備註	1.未在時間內完成技能部分2～10項中之任一項者，除該項不計分外，(11)整體感亦不計分。						
		2.未完成項目超過兩項以上（含兩項）者，宴會粧完全不予計分。						
		3.模特兒如有紋眉、紋眼線、紋唇者，除各該單項不計分外，整體感亦不予計分。						

（三）護膚技能評分表

檢定單位		檢定日期　年　　月　　日	編號		
監評長簽章		監評員簽章	姓名		
評　　　分　　　內　　　容			配分		
（一）工作前準備（10分鐘）		1.顧客資料卡正確填寫。	2		
		2.備有「垃圾袋」及「待消毒物品袋」以供工作過程中使用。	2		
		3.毛巾的使用（頭、肩、前胸及足部之保護）。	4		
		4.重點卸粧。	2		
		5.肌膚清潔（含臉、頸）。	2		
（二）臉部保養手技（20分鐘）		1.足量按摩霜且能均勻分佈使用。	2		
		2.額部（方向、力道、熟練、速度、三種手技）。	10		
		3.眼部（方向、力道、熟練、速度、三種手技）。	10		
		4.鼻子、嘴部（方向、力道、熟練、速度、三種手技）。	10		
		5.頰部（方向、力道、熟練、速度、三種手技）。	10		
		6.耳、下顎、頸部（方向、力道、熟練、速度、三種手技）。	10		
（三）蒸臉（10分鐘）		1.正確使用蒸臉器（檢視水量、操作過程）。	2		
		2.眼部保護及蒸臉距離。	2		
		3.使用後收妥蒸臉器。	2		
（四）敷面（15分鐘）		1.口、鼻孔及正確「眼眶部位」留白不塗，前頸部有塗佈敷面劑。	2		
		2.敷面劑塗抹方向。	2		
		3.敷面劑均勻度。	2		
		4.熱毛巾擦拭方向。	2		
		5.敷面劑徹底清除。	2		
		6.正確做好基礎保養。	2		
（五）工作態度		1.姿勢正確優美。	2		
		2.正確使用及取用化粧品。	2		
		3.面紙及化粧棉需適當摺理後使用。	2		
		4.善後處理：所有物品歸回原位，妥善收好。	2		
（六）衛生行為		1.工作服符合規定，儀容端莊。	2		
		2.工具使用前須清潔並擺放整齊。	2		
		3.工作前雙手清潔，指甲剪短，工作中沒戴戒子。	2		
		4.掉落物品以手撿拾後將撿拾之物品放入袋中，清潔雙手。	2		
		5.護膚時戴口罩，口罩是否遮住口、鼻。	2		
護膚技能得分合計			100		

（檢定項目：護膚技能（時間：55分鐘）100%）

拾壹、美容技術士技能檢定術科測驗美容技能保養手技參考資料

一、顏面、頸部肌肉紋理

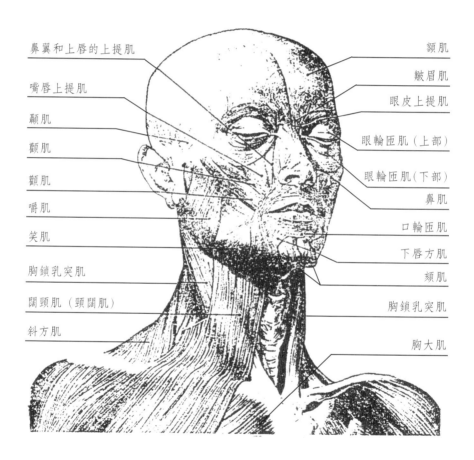

鼻翼和上唇的上提肌

嘴唇上提肌

顴肌

顴肌

顴肌

嚼肌

笑肌

胸鎖乳突肌

闊頸肌（頸闊肌）

斜方肌

額肌

皺眉肌

眼皮上提肌

眼輪匝肌（上部）

眼輪匝肌（下部）

鼻肌

口輪匝肌

下唇方肌

頦肌

胸鎖乳突肌

胸大肌

160

二、臉部保養手技參考圖

額頭

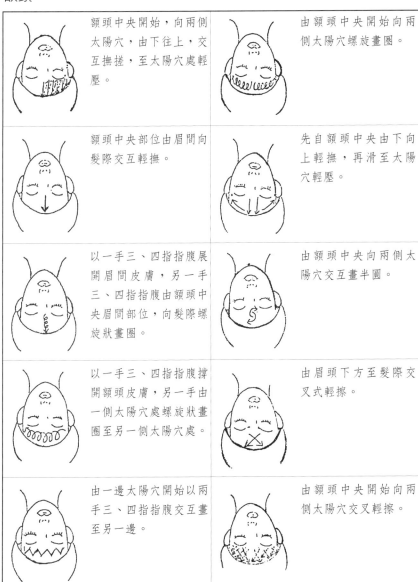

額頭中央開始，向兩側太陽穴，由下往上，交互撫搓，至太陽穴處輕壓。	由額頭中央開始向兩側太陽穴螺旋畫圈。
額頭中央部位由眉間向髮際交互輕撫。	先自額頭中央由下向上輕撫，再滑至太陽穴輕壓。
以一手三、四指指腹展開眉間皮膚，另一手三、四指指腹由額頭中央眉間部位，向髮際螺旋狀畫圈。	由額頭中央向兩側太陽穴交互畫半圓。
以一手三、四指指腹撐開額頭皮膚，另一手由一側太陽穴處螺旋狀畫圈至另一側太陽穴處。	由眉頭下方至髮際交叉式輕擦。
由一邊太陽穴開始以兩手三、四指指腹交互畫至另一邊。	由額頭中央開始向兩側太陽穴交叉輕擦。

|  | 先在額頭中央畫圓輕撫，再向太陽穴移動（兩手交替動作）。 | |

眼部

	先在眉頭輕壓，再繞眉毛上方滑至眼尾經下眼瞼回到眼頭。		以兩手中指指腹交替畫〝∞〞。
	輕捏眉骨後，沿著上眼瞼至下眼瞼再回到眉頭。	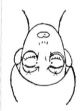	輕壓眉骨，沿著下眼瞼回到眉頭。
	眼角外側螺旋畫圈。		沿鼻樑兩側向下滑動，螺旋式經由下眼瞼至太陽穴輕壓，再由下眼瞼回到鼻樑。
	輕壓眉骨→太陽穴→下眼瞼→眼頭。		由下眼瞼繞眼睛向上至上眼瞼，至太陽穴輕壓。

下顎、耳朵、頸部

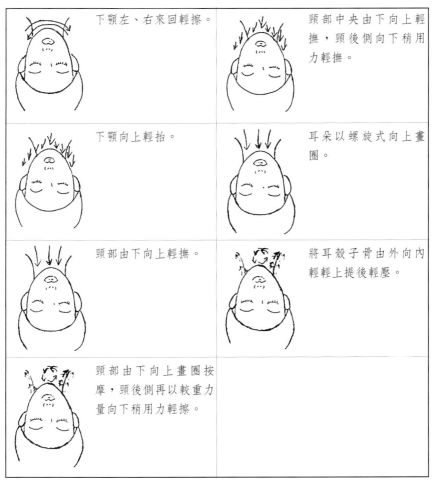

下顎左、右來回輕擦。	頸部中央由下向上輕撫，頸後側向下稍用力輕撫。
下顎向上輕抬。	耳朵以螺旋式向上畫圈。
頸部由下向上輕撫。	將耳殼子骨由外向內輕輕上提後輕壓。
頸部由下向上畫圈按摩，頸後側再以較重力量向下稍用力輕擦。	

嘴部

沿著唇的四周由下往上滑動，嘴角處略往上提。	由人中開始繞著嘴角向下滑向下唇及下顎。

鼻子

	鼻樑兩側由上向下輕擦，再於鼻翼兩側作半圓型滑動。		在鼻樑中央由上往下輕撫。
	鼻樑兩側先以螺旋式向鼻翼畫圈，鼻翼處上下來回滑動後在鼻翼兩側、耳中、太陽穴輕壓後再回到眉頭。		

頰部

	在雙頰斜上螺旋式由內向外畫圈。		下巴至耳下，嘴角至耳中，鼻翼至太陽穴輕擦。
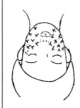	雙頰由下向上輕輕彈拍。		雙頰由下向上輕捏。
			雙頰由下向上畫半圓。

拾貳、美容丙級技術士技能檢定術科測試衛生技能實作試題

下列實作試題共有三項，應檢人應全部做完，包括：

一、化粧品安全衛生之辨識（40分），測試時間：4分鐘。

應檢人依據化粧品外包裝題卡，以書面作答，作答完畢後，交由監評人員評分（未填寫題卡號碼者，本項以零分計）。

二、消毒液和消毒方法之辨識與操作（45分），測試時間：8分鐘。

(一)首先由應檢人抽選一種器材。

(二)依所選器材勾選出該器材既有適合化學消毒方法，未全部答對本項不予計分。

(三)進行抽選器材之化學消毒操作。

(四)請抽選出一種物理消毒法進行消毒操作，器材選錯則本項不予計分。

(五)依所選器材進行物理消毒操作。

三、洗手與手部消毒操作（15分），測試時間：4分鐘。

(一)各組應檢人集中測試，寫出在工作中為維護顧客健康洗手時機及手部消毒時機，並勾選出一種手部消毒試劑名稱及濃度，測試時間2分鐘，實際操作時間2分鐘。

(二)由應檢人以自己雙手作實際洗手操作，缺一步驟，則該單項以零分計算。若在規定時間內洗手操作未完成則本全項扣10分。

(三)應檢人以自己勾選的消毒試劑進行手部消毒操作，若未能選取適用消毒試劑，本項手部消毒以零分計（請監評長提醒應檢人使用消毒液應與書面作答一致）。

拾參、美容丙級技術士技能檢定術科測試衛生技能實作評分表（一）

題卡編號		姓　　名		檢定編號	

一、化粧品安全衛生之辨識測驗用卷(40分)（發給應檢人）

說明：由應檢人依據化粧品外包裝題卡，以書面勾選作答方式填答下列內
　　　容，作答完畢後，交由監評人員評定，標示不全或錯誤，均視同未標
　　　示（未填寫題卡號碼者，本項以零分計）。

測驗時間：四分鐘

一、本化粧品標示內容：

　　（一）中文品名：(4分)

　　　　□有標示　　　　　　□未標示

　　（二）1.□國產品：(4分)

　　　　　　製造廠商名稱：□有標示　　　　□未標示

　　　　　　地　　　　址：□有標示　　　　□未標示

　　　　2.□輸入品：

　　　　　　輸入廠商名廠：□有標示　　　　□未標示

　　　　　　地　　　　址：□有標示　　　　□未標示

　　（三）出廠日期或批號：(4分)

　　　　□有標示　　　　　　□未標示

　　（四）保存期限：(4分)

　　　　□有標示　　　　　　□未標示

　　　　□未過期　　　　　　□已過期　　　　　□無法判定是否過期

　　（五）用途：(4分)

　　　　□有標示　　　　　　□未標示

　　（六）許可證字號：(4分)

　　　　□免標示　　　　　　□有標示　　　　　□未標示

　　（七）重量或容量：(4分)

　　　　□有標示　　　　　　□未標示

二、依上述七項判定化粧品是否及格：（12分）（若上述（一）至（七）小項
　　有任一小項答錯，則本項不給分）

　　　　　□合格　　　　　　□不合格

監評人員簽名：	得分·

辦理單位章戳：

美容丙級技術士技能檢定術科測試衛生技能實作評分表（二）

題卡編號		姓　名		檢定編號	

二、消毒液和消毒方法之辨識與操作測試用卷（45分）（發給應檢人）

說明：試場備有各種不同的美髮器材及消毒設備，由應檢人當場抽出一種器材並進
　　　行下列程序（若無適用之化學或物理消毒法則不需進行該項實際操作）。

測試時間：八分鐘

一、化學消毒：（25分）

　　（一）應檢人依抽籤器材寫出所有可適用之化學消毒方法有哪些？（未全部
　　　　　答對扣15分，全部答對者進行下列操作）

　　　　　答：□1.氯液消毒法□2.陽性肥皂消毒法□3.酒精消毒法
　　　　　　　□4.煤餾油酚肥皂溶液消毒法。

　　（二）進行該項化學消毒操作（由監評人員評分，配合評分表1）（10分）

　　　　　分數：＿＿＿＿＿＿＿＿＿＿

二、物理消毒：（20分）

　　（一）請抽選出一種消毒方法並選出適合該項消毒方法之器材（器材選錯扣
　　　　　10分）（10分）

　　（二）應檢人依選出器材進行物理消毒操作（由監評人員評分，配合評分表
　　　　　2）（10分）

　　　　　分數：＿＿＿＿＿＿＿＿＿＿

監評人員簽名：		得分：	

辦理單位章戳：

美容丙級衛生技能化學消毒法操作評分表（1）（10分）（發給監評人員）

檢定項目	評 分 內 容					編號 姓名	
消毒方法之辨識與操作	器材 消毒法	化 學 消 毒 法					
		氯液消毒法	陽性肥皂液	酒精消毒法	煤餾油酚肥皂液	配分	
	器材與合適消毒法 金屬類 修 眉 刀			○	○		
	剪 刀			○	○		
	挖 杓			○	○		
	鑷 子			○	○		
	髮 夾			○	○		
	塑膠挖杓	○	○				
	含金屬塑膠髮夾			○	○		
	睫 毛 捲 曲 器			○	○		
	化 妝 用 刷 類			○			
	毛 巾 類（白色）	○	○				
	前 處 理	清洗乾淨	清洗乾淨	清潔洗淨	清潔洗淨	1	
	操 作 要 領	完全浸泡	完全浸泡	金屬類用擦拭（或完全浸泡）塑膠及其它用完全浸泡	完全浸泡	3	
	消 毒 條 件	①餘氯量200ppm ②2分鐘以上	①含0.5%陽性肥皂液 ②20分鐘以上	①75%酒精擦拭數次 ②10分鐘以上	①含6%煤餾油酚肥皂液 ②10分鐘以上	4	
	後 處 理	①用水清洗 ②瀝乾或烘乾 ③置乾淨櫥櫃	①用水清洗 ②瀝乾或烘乾 ③置乾淨櫥櫃	①用水清洗（塑膠類）②瀝乾或烘乾 ③置乾淨櫥櫃	①用水清洗 ②瀝乾或烘乾 ③置乾淨櫥櫃	2	
	合 計					10	
	備 註						

監評人員簽名：　　　　　　　　　　　　　　　　年　　月　　日

辦理單位章戳：

美容丙級衛生技能物理消毒方法操作評分表（2）（6分）（發給監評人員）

檢定項目	評		分　　　內　　　容		編號姓名	
	器材 消毒法	物　理　消　毒　法			配分	
消毒方法之辨識與操作		煮沸消毒法	蒸氣消毒法	紫外線消毒法		
	金屬類 修眉刀	○		○		
	剪刀	○		○		
	挖杓	○		○		
	鑷子	○		○		
	髮夾	○		○		
	塑膠挖杓					
	含金屬塑膠髮夾					
	睫毛捲曲器					
	化妝用刷類					
	毛巾類（白色）	○	○			
	前　　處　　理	清洗乾淨	清洗乾淨	清潔乾淨	0.5	
	操　作　要　領	①完全浸泡 ②水量一次加足	①摺成弓字型直立置入 ②切勿擁擠	①器材不可重疊 ②刀剪類打開或折開	2	
	消　毒　條　件	①水溫100℃以上 ②5分鐘以上	①蒸氣箱中心溫度達80℃以上 ②10分鐘以上	①光度強度85微瓦特／平方公分以上 ②20分鐘以上	3	
	後　　處　　理	①瀝乾或烘乾 ②置乾淨櫥櫃	暫存蒸氣消毒箱	暫存紫外線消毒箱	0.5	
	合　　　　　計				6	
	備　　　　　註					

監評人員簽名：　　　　　　　　　　　　　　　　年　　　月　　　日

辦理單位章戳：

美容丙級技術士技能檢定術科測試衛生技能實作評分表（三）

姓　　名		檢定編號	

（三）洗手與手部消毒操作測試用卷（15分）（發給應檢人

說明：1.由應檢人寫出在營業場所為顧客健康何時應洗手？何時應作手部清毒？

　　　2.勾選出將使用消毒試劑名稱及濃度，進行洗手操作並選用消毒試劑進行消毒（未能選用適當消毒試劑，手部消毒操作不予計分）。

測試時間：4分鐘（書面作答2分鐘，洗手及消毒操作2分鐘）

一、為維護顧客健康，請寫出在營業場所中洗手的時機為何？（至少二項，每項1分）（2分）

答：1.＿＿＿＿＿＿＿＿＿＿＿＿＿＿＿＿＿＿＿＿＿＿。

　　2.＿＿＿＿＿＿＿＿＿＿＿＿＿＿＿＿＿＿＿＿＿＿。

二、進行洗手操作（8分）（本項為實際操作）

三、為維護顧客健康，請寫出在營業場所手部何時做消毒？（述明一項即可）（2分）

　答：＿＿＿＿＿＿＿＿＿＿＿＿＿＿＿＿＿＿＿＿＿＿。

四、勾選出一種正確手部消毒試劑試劑名稱及濃度（1分）

　　答：□1.75%酒精溶液　　　　　　□2.200ppm氯液

　　　　□3.6%煤餾油酚肥皂溶液　　□4.0.1%陽性肥皂液

五、進行手部消毒操作（2分）（本項為實際操作）

監評人員簽名：		得分：	

美容丙級衛生技能洗手與手部消毒操作評分表（發給監評人員）

說明：以自己的雙手進行洗手或手部消毒之實際操作

時間：2分鐘　　　　　　　　　　檢定日期：　　年　　月　　日

評分內容		一、進行洗手操作	(一)沖手	(二)塗抹清潔劑並搓手	(三)清潔劑刷洗水龍頭	(四)沖水(手部及水龍頭)	二、以自己的手做消毒操作（未能選擇適用消毒試劑本項以零分計）	合計	未計分原因說明
編號	姓名		2	2	2	2	2	10	

監評人員簽名：　　　　　　　　　　年　月　日

辦理單位章戳：

拾肆、美容丙級技術士技能檢定術科測試衛生技能實作評審說明

一、化粧品安全衛生之辨識評審說明：

　　由應檢人依據化粧品外包裝題卡，以書面勾選作答，各組集中測試，測試時間四分鐘。監評人員按照題卡之標準答案核對，予以評分（未填寫題卡號碼者以零分計）。

二、消毒液和消毒方法之辨識與操作評審說明：

　　（一）首先由應檢人抽選一種器材。

　　（二）依所選器材勾選出該器材既有適合化學消毒方法，未全部答對本項不予計分。

　　（三）進行抽選器材之化學消毒操作。

　　（四）請抽選出一種物理消毒法進行消毒操作，器材選錯則本項不予計分。

　　（五）依所選器材進行物理消毒操作。

三、洗手與手部消毒操作評審說明：

　　（一）各組應檢人集中測試，寫出在工作中為維護顧客健康洗手時機及手部消毒時機，並勾選出一種手部消毒試劑名稱及濃度，測試時間2分鐘，實際作時間2分鐘。

　　（二）由應檢人以自己雙手作實際洗手操作，缺一步驟，則該單項以零分計算。若在規定時間內洗手操作未完成，則本全項扣10分。

　　（三）應檢人以自己勾選的消毒試劑進行手部消毒操作，若未能選取適用消毒試劑，本項手部消毒以零分計（請監評長提醒應檢人使用消毒液應與書面作答一致）。

丙級美容師術科證照考試指南

【編　　著】　周　玫

【出　　版】　揚智文化事業股份有限公司

【發 行 人】　葉忠賢

【總 編 輯】　閻富萍

【地　　址】　台北縣深坑鄉北深路三段260號8樓

【電　　話】　02-86626826

【傳　　眞】　02-26647633

【印　　刷】　偉勵彩色印刷股份有限公司

【三版一刷】　2008年1月

【定　　價】　新台幣：800元

ISBN：978-957-818-852-5（精裝）

E-mail:service@ycrc.com.tw

網址：http://www.ycrc.com.tw

本書如有缺頁、破損、裝訂錯誤，請寄回更換

國家圖書館出版品預行編目資料

丙級美容師術科證照考試指南／周玫編著. -- 三
版. -- 臺北縣深坑鄉：揚智文化，2008.01
　　面；　公分.

ISBN 978-957-818-852-5（精裝）

1. 美容　2. 化粧術　3. 美容師　4.考試指南

424　　　　　　　　　　　　　　96021999

「周玫彩妝研習臉譜」來了！

* 在學習美容技術時，常發現「練習」的機會太少了嗎？
* 常覺得模特兒難找或與妳練習的時間無法配合嗎？
* 想隨時隨地重覆練習化妝技巧嗎？

現在有「**周玫彩妝研習臉譜**」，
妳不必再擔心了！

四種不同五官組合，

可讓您「**上妝，卸妝**」，
並可重覆使用喔！

鎧聖企業有限公司
台北市光復南路505號11樓之4 / TEL:02-2345-3556 / FAX:02-8791-0109 / 網址:www.chouteacher.com